缝制机械行业职业技能系列培训教材

电脑刺绣机控制技术

中 国 缝 制 机 械 协 会
北京大豪科技股份有限公司 　联合编写

中国纺织出版社有限公司　|　国家一级出版社
全国百佳图书出版单位

内 容 提 要

　　本书分别从平绣、毛巾绣、链式绣、金片绣、盘带绣、激光绣、组合绣、绗缝绣等不同功能对多种类刺绣机进行详细说明,对电控相关参数、机电调试方法、常见故障及解决方法进行全面的阐述。本书特别对电脑刺绣机控制技术的内容作了精选,并体现其最新发展。

　　本书可作为缝纫、刺绣行业技术人员的参考书,也可供电脑刺绣机控制技术爱好者自学使用。

图书在版编目(CIP)数据

电脑刺绣机控制技术/中国缝制机械协会,北京大豪科技股份有限公司联合编写.––北京:中国纺织出版社有限公司,2019.9

缝制机械行业职业技能系列培训教材

ISBN 978－7－5180－6475－5

Ⅰ.①电… Ⅱ.①中… ②北… Ⅲ.①电脑刺绣机—控制系统—技术培训—教材 Ⅳ.①TS941.562

中国版本图书馆 CIP 数据核字(2019)第 162321 号

责任编辑:范雨昕　　责任校对:寇晨晨　　责任印制:何　建

中国纺织出版社有限公司出版发行
地址:北京市朝阳区百子湾东里 A407 号楼　邮政编码:100124
销售电话:010—67004422　传真:010—87155801
http://www.c-textilep.com
E-mail:faxing @ c-textilep.com
中国纺织出版社天猫旗舰店
官方微博 http://weibo.com/2119887771
北京玺诚印务有限公司印刷　各地新华书店经销
2019 年 9 月第 1 版第 1 次印刷
开本:787×1092　1/16　印张:13.5
字数:205 千字　定价:198.00 元

凡购本书,如有缺页、倒页、脱页,由本社图书营销中心调换

序

缝制机械是浓缩人类智慧的伟大发明。200多年来，无论是在发源地欧美，还是在如今的世界缝制设备中心——中国，缝制机械持续不断的创新演变，结构不断优化，技术不断进步，功能不断增强，服务对象不断拓展，其对从业者的技能要求也日新月异，由此催生了无数能工巧匠。

据统计，目前全国从事缝制机械整机制造、装配、维修、服务的从业人员约有15万人。长期以来，提高缝制机械行业从业人员的技能水平和综合素养，加快行业职业技能人才队伍建设一直是中国缝制机械协会（以下简称协会）的重要任务和使命，从20世纪初开始，协会即着手联合相关企业、院所及专业机构，组织聘请各类行业专家，致力于适合行业发展状况、满足行业发展需求的新型职业技能教育体系的构建和完善。几年间，协会陆续完成行业职业技能培训鉴定分支机构体系的组建、《缝纫机装配工》国家职业标准的编制以及近百人的行业职业技能考评员师资队伍培育。2008年，《缝制机械装配与维修》职业技能培训教材顺利编制出版，行业各类职业技能培训、鉴定及技能竞赛活动随之如火如荼地迅速开展起来。

在协会的引导和影响下，目前行业每年均有近5000名从业人员参加各类职业技能培训和知识更新，大批从业人员通过理论和实践技能的培训和学习，技艺和能力得到质的提升，截至2016年，行业已有6000余人通过职业技能考核鉴定，取得各级别的缝纫机装配工/维修工国家职业资格证书。一支满足行业发展需求、涵盖高中低梯次的现代化技能人才队伍已初具规模，并在行业发展中发挥着越来越重要的作用。

然而，相比高速发展的行业需求，当前行业技能员工整体素质依然偏低，高技能专业人才匮乏的现象仍然十分严峻。"十三五"以来，随着行业技术的快速发展，特别是新型信息技术在缝机领域的迅速普及和融合，自动化、智能化缝机设备大量涌现，行业从业人员技能和知识更新水平明显滞后，《缝制机械装配与维修》职业标准及其配套职业技能培训教材亟待更新、补充和完善。

2015年，新版《中华人民共和国职业分类大典》完成修订并正式颁布。以此为契机，协会再次启动职业技能系列培训教材的改编和修订，在全行业广大企业和专家的支持下，通过一年多的努力，目前该套新版教材已陆续付梓，希望通过此次对职业培训内容系统化的更新和优化，与时俱进地完善行业职业教育基础体系，进一步支撑和规范行业职业教育及技能鉴定等相关工作，更好地满足广大缝机从业人员、技能教育培训机构及专业人员的实际需求。

"人心惟危，道心惟微"，优良的职业技能和职业技能人才队伍是行业实现强国梦想的重要组成部分，在行业由大变强的当下，希望广大缝机从业者继续秉承我们缝机行业所具有的严谨、耐心、踏实、专注、敬业、创新、拼搏等可贵品质，继续坚持精益求精、尽善尽美的宝贵精神，以"大国工匠"为使命和担当，在新的时期，不断地学习，不断地提升和完善自身的技艺和综合素质，并将其有效地落实在产品生产、服务等各个环节，为行业、为国家的发展腾飞，做出积极贡献。

中国缝制机械协会　理事长

2019 年 5 月 16 日

前言

　　鉴于在高校和职业技术学院没有开设缝制机械相关专业的实际情况，而行业又十分缺乏懂得自动化、智能化缝制设备原理、功能及操作与维修的技术人才，中国缝制机械协会组织行业骨干企业编写缝制机械的系列教材，内容涉及缝制机械基础、平缝机、包缝机、绷缝机、锁眼机、钉扣机、套结机和缝制单元、铺布裁剪吊挂等设备以及相应的电控系统。电脑刺绣机在缝制机械设备中占有十分重要的地位，国产电脑刺绣机经过 30 多年的发展，在生产规模、性能效率等方面已达到世界领先水平。刺绣机电控系统是电脑刺绣机整机的核心组成部分，是"神经中枢"和"大脑系统"。

　　本书主要内容包括电脑刺绣机的发展历史、机型组成、功能分类和刺绣工艺，详细介绍了近十年来主流刺绣机电控系统的组成结构、操作应用和常见故障及排查等内容，共计 9 章，本书内容丰富，实现了一书在手，知识全覆盖的作用。

　　该书由谭庆担任主编，茹水强、潘磊担任副主编，卢旭东、周游、刘建、王彬杰、谢志勇、张建伟、潘建忠等参加编写。中国缝制机械协会和北京大豪科技股份有限公司共同确定该书的总体框架结构和主要内容。

　　由于编者水平有限，书中难免存在疏漏和不妥之处，欢迎读者批评指正！

谭　庆

2019 年 5 月 1 日

目录

第2章 电脑刺绣机功能和操作方法 ————————————————— **18**

第6章　纩缝绣电脑刺绣机

133

第7章　家用电脑刺绣机　　149

第8章　刺绣制板系统与网络管理系统　　159

第1章

电脑刺绣机概述

电脑刺绣机又称为电脑绣花机，是体现机电一体化技术的高科技缝制机械设备。电脑刺绣机作为缝制设备中的一种全自动控制的多功能刺绣机械，可根据输入的设计图案和换色程序自动完成多色刺绣，能在棉、麻、化纤等不同面料上绣出各种花型图案，广泛用于时装、内衣、窗帘、床罩、饰品、工艺品的装饰绣。电脑刺绣机使传统的手工绣花得到高速度、高效率的突破，实现了传统绣花工艺无法达到的"多层次、多功能、多工艺组合、统一性和完美性"的要求，实现了刺绣行业生产模式由传统手工化生产向大规模工业化生产的转变。

刺绣机电控系统是电脑刺绣机整机产品的核心组成部分，是"神经中枢"和"大脑"。电控系统通过电脑程序实现对刺绣机设备运动过程及顺序、位移和相对坐标、速度、转速及各种辅助功能的自动控制。本书从多个维度系统介绍刺绣机电控系统的组成、分类、应用和维修等，帮助读者深入了解刺绣机电控系统。

1.1 电脑刺绣机发展简史

在出现刺绣机前，刺绣一直都是手工制品。中国的刺绣艺术历史悠久，早在远古时代，就伴随着玉器、陶器和织物而诞生。经过几千年的传承发展，中国的手工刺绣技法已经达到相当高的水平。

1828 年，瑞士人 Joshua Heilman 生产了第一台手摇刺绣机（图 1-1），正式开启了机械刺绣代替手工刺绣的发展时代。

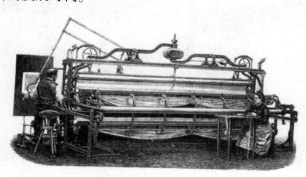

图 1-1　Heilman 手摇绣花机

1860 年，瑞士提花编织者 Isaak Groebli 将手摇绣花机技术与当时的缝纫机锁式针迹技术结合在一起。对锁式针迹的利用给机器绣花带来一场完全彻底的革命。

1863 年，第一台飞梭绣花机终于诞生。此时的飞梭绣花机需要一个人来控制机头架的前进后退。一个巡视员巡视针和线是否正常配合工作。另外还需要一个助手来补充旋梭，并还没有实现完全的自动化。

1898 年，第一台自动机械飞梭绣花机（图 1-2）终于在纽约诞生。自动机械飞梭绣花机只需要一名工人，他只需巡视自动刺绣过程。

图 1-2　飞梭绣花机

1959 年，日本百灵达公司（Barudan）推出其第一台机械式多头绣花机（图 1-3）。

1964 年，日本东海缝纫机株式会社（Tokai Industrial Sewing Machine Co. Ltd.）开始生产"田岛"牌多头自动绣花机（图 1-4）。

 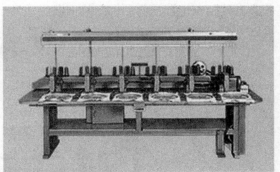

图 1-3　百灵达开发出第一台 4 头 1 针电脑刺绣机　　图 1-4　第一台 6 头 1 针 TM-J106 电脑刺绣机

20 世纪 70 年代中期，刺绣机进入高速发展阶段。日本田岛（Tajima）公司在其绣帽的机型上推出一种上下线自动剪的装置，不但大幅提高了工作效率，还降低了人工要求，从此揭开了刺绣机自动化的新篇章。

1987 年，北京大豪科技股份有限公司联合青岛缝纫机厂开发成功中国第一台电脑刺绣机（图 1-5），到如今中国电脑绣花机已经走过了 30 多年的发展历程。30 多年来国产刺绣机从无到有，从低端到高端，经历了从量到质的飞跃。近年来国产刺绣机性能和功能水平又上了一个台阶，揭开了国产电脑刺绣机高速多头多功能化的新篇章。

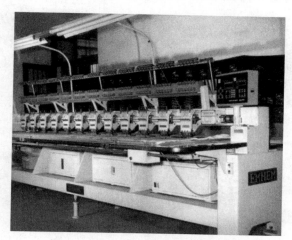

图 1-5　中国第一台国产电脑刺绣机

1.2　电脑刺绣机机型分类

电脑绣花机品种繁多、规格各异，目前尚未制订统一的分类方法，一般常用以下方法分类：

1.2.1　按绣制功能分类

一般按绣制功能可分为：普通平绣机、金片绣、毛巾绣、散珠绣、缠绕绣（绳绣）、激光绣、雕孔绣、植绒绣、帽绣、成衣绣、高速机等，同时有多种功能混合的高档机型，如三合一（平绣+金片绣+缠绕绣）、四合一（平绣+金片绣+简易缠绕绣+毛巾绣）等。多功能混合绣刺绣机将多种刺绣功能融为一体，可实现多种绣法的完美组合，绣品典雅、时尚、立体感强，广泛用于服装、窗帘、床上用品、工艺品等的刺绣工艺，应用前景十分广阔。

1.2.2　按机头、针数分类

电脑绣花机可按机头、针数、针迹来区分，以机头的多少来分，可分为单头与多头机；以每一头所含机针的多少来分，可分为单针与多针；以送料绷架形式可分为框架式与滚筒式；以绣花所用线迹形式来分，可分为锁式线迹与链式线迹。

不同型号的电脑绣花机在机头数量、机针数量、绷架形式、线迹形式、速度和功能上都可能有所不同，将这些进行组合排列、细化分类，由此形成数量繁多的绣花机品种规格（图1-6），因而它能满足不同层次、不同规模、不同要求的客户需要。

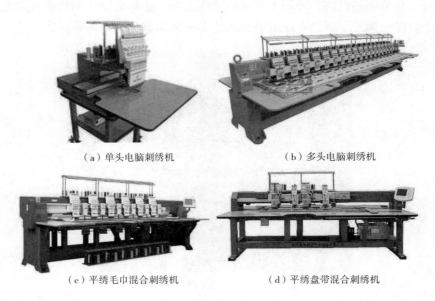

（a）单头电脑刺绣机　　　　　　　　　　（b）多头电脑刺绣机

（c）平绣毛巾混合刺绣机　　　　　　　　（d）平绣盘带混合刺绣机

图1-6　电脑刺绣机

电脑刺绣机作为缝制设备中的一种全自动控制的多功能刺绣机械，它通过电脑控制系统与刺绣机械的有机结合，将人们生活中各种美丽的图案，完美地呈现在各种织物上，最大限度地满足现代人对美的多方面的需求和渴望。电脑刺绣机可实现比手工缝制更为复杂，更为精美的绣品（图1-7），同时电脑刺绣可以大大提高生产效率。

（a）平绣绣品　　　　　　　　　　　　（b）金片绣绣品

（c）盘带绣绣品　　　　　　　　　　　（d）毛巾绣绣品

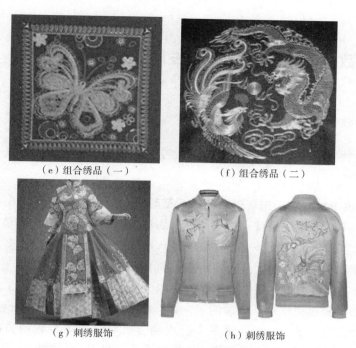

（e）组合绣品（一）　　　　　　（f）组合绣品（二）

（g）刺绣服饰　　　　　　（h）刺绣服饰

图1-7　电脑刺绣机的绣品

　　刺绣机电脑控制系统是电脑刺绣机的控制核心。在电脑控制系统的控制下，按照制板软件的电子花样数据及刺绣工艺要求，电控刺绣机可通过电动机和其他执行部件驱动挑线、机针、绣框、换色、剪线等多个复杂的机械机构，进而带动机针和绣线形成线环，使绣线在面料上产生特定线迹。

　　刺绣机电脑控制系统主要由操作箱、控制箱、电动机驱动器以及其他执行和检测部件共同构成，具体如图1-8所示。

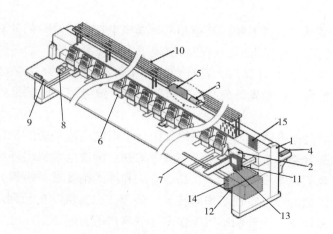

图1-8　刺绣机电控系统结构示意图

1—机架　2—换色箱　3—Y相电动机　4—X相电动机　5—主轴电动机　6—机头　7—绣框　8—剪线箱
9—拉杆开关　10—导线架　11—操作箱　12—电控箱　13—急停开关　14—驱动器　15—外围板

1.3 刺绣机数控系统的市场现状和发展前景

1.3.1 刺绣机数控系统的市场现状

随着刺绣机数控系统市场需求的变化，数控的重点产品和关键技术也一直在革新，不断满足市场的需求。

1.3.1.1 刺绣机电控系统的市场现状和技术革新

（1）超多头毛巾绣电控系统。近两年毛巾绣市场行情不断升温，产销量较以往有大幅增加。厂家机器越做越大，机器头数越做越多，外围功能需求也越来越多。

随着毛巾绣市场行情的变化，超多头链式刺绣机已经开始逐步替换和淘汰以前的普通链式刺绣机，纯毛巾机型机器头数也从原来的 15 头，提升到 24 头，32 头，发展到最多64 头。平绣毛巾混合绣机型也从原来的 12+12，15+15，发展到现在 18+18、20+20 成为标配机型，最大已经达到 30+30。超多头链式刺绣机可以产生普通刺绣机将近一倍的利润。在劳动力成本即绣工工资不断上涨的市场背景下，可以给刺绣机加工厂老板带来更多地利润，因此超多头链式刺绣机受到了市场的追捧。

随着毛巾绣机型的不断普及，毛巾绣越来越多地应用于服装、窗帘布艺的装饰设计中，其设计方法也日趋成熟化和多样化。

（2）超多头剪线刺绣机电控系统。超多头刺绣机作为水溶花边市场的热点机型，其销售势头从 2013 年延续到 2016 年。近两年超多头机型的普及，彻底改变了国内刺绣机市场的格局，创造了国产刺绣机行业开创以来的又一个产销量的高峰，实现了国产刺绣机一个质的飞越，成为国产刺绣机的标志性创造，开拓了超越进口刺绣机的发展之路。

（3）高速精品刺绣机电控系统。高速精品刺绣机电控系统是专门针对服装裁片、精品窗帘布艺市场打造的高端电控机型。该产品实现了多项配置升级，如存储花样增加到 1 亿针，支持 1000 次换色，内存存储最大花样数 800 个等，还支持高速多金片装置、Ⅱ型全独立盘带绣、摆梭粗线绣、激光等最新特种绣的功能，该电控可以满足用户各种刺绣功能组合的需要。

该机型专门针对高速平绣进行全面的优化设计，提供高速平绣的最佳功能组合：高速机头控制、自动压脚升降、自保持式面线夹持电磁铁；步进电动机闭环丝杠换色、步进电动机动态剪线、组合刺绣等多种功能。绣品适应性和绣品精度进一步提升，帮助国产精品机相比进口刺绣机以往的形象实现了华丽转身，跻身"白富美"的行列。应用该系统的国产高速精品机甚至赢得一些国外刺绣机合作多年老客户的青睐。

该电控支持前后台的操作方式，支持 10 多种国家的语言，特别针对国外用户的操作习惯进行了优化，特别受到国外用户的好评，现在已经成为极为火爆的巴基斯坦市场和印度新德里市场用户的首选。

（4）特种绣电控系统。现有的特种绣装置，包括：金片、盘带、简易绳绣、锁式毛巾、激光等。其中新型的应用如下：

①第二代简易绳绣控制系统。在第一代简易绳绣控制系统基础上实现了独立控制绳带绣的方式，该系统专门根据改机市场需要进行了优化，在老机器上加装简易绳绣功能，无须更换或更改任何主板、操作头，也无须升级主控软件，便可方便快捷的在原平绣机器基础上实现智能绳绣的功能，操作简便，大大简化了改机过程，更好地满足了客户的实际需要，提高了改机效率和生产效率，同时，实现速度与绣品质量的完美结合，保证机器安装和维修的方便。

②镶钻绣控制系统。镶钻绣是近年来发展非常迅速的刺绣附加装置，该装置可以实现将形状类似宝石的装饰物通过超声波加热的方式粘贴在面料表面。镶钻绣的绣品比金片绣绣品更富立体感，搭配平绣和绳绣可以实现丰富多彩的绣品效果，装饰效果很强。

③散珠绣控制系统。该系统可以实现玻璃散珠装置的绣作控制，能够把玻璃散珠绣在布面上，完全取代手工操作，能够稳定绣作在 700r/min。相比以往珠管绣和金片绣装置，玻璃散珠绣材料为一颗颗散珠，无须切刀，物料更加圆润饱满，色泽亮度更好，装饰性更强，而且通过选珠和穿珠机构可以实现散珠源源不断的送料，生产效率大幅提高。同一装置可以支持不同大小、不同颜色的散珠，适合于不同领域的加工需要。该装置有望成为继金片绣装置、绳带绣装置后又一款市场潜力较大的特种绣装置。

（5）伺服驱动器新产品。

①框架驱动器。近两年，除刺绣机机器头数不断增加外，框架幅面的大型化发展趋势也非常明显，X 方向长度已经超多 1200mm，Y 方向行程也从最初的 750mm 增加到 1200～1500mm，甚至有的机器可高达 1800mm。框架幅面的大型化，对于框架驱动能力的要求大幅提高，为了适应这一变化，2kW 大功率 F 型框架驱动器已经面世。即使是超大幅面的机器高速绣作，也能够保证框架运动平稳，定位准确，保证绣品质量。

②步进伺服驱动器（步进闭环）。步进伺服驱动器引入了闭环控制策略，是适合刺绣机绣框控制的全新驱动器系列产品。步进伺服驱动器完美结合了伺服驱动器闭环控制，高速、大力矩，运行平稳以及步进驱动器响应快速，启动延迟小的优点，彻底克服了开环步进恒流控制中存在的丢步问题，明显提高了电动机运行的性能和效率，降低了电动机的发热程度和振动，即降低了机器的能耗。特别适合刺绣机绣框反复高速启停，小惯量大力矩的控制特点。目前已经推出适合从 2～40 头刺绣机的系列驱动器和电动机。步进伺服驱动器已经成功批量应用在高速帽绣机型上。

1.3.1.2 电控系统领先技术

为了适应越来越高的市场需求，更多的先进技术也在不断发展和更新。

（1）框架 XY 间隙补偿功能。该技术可以修正由于框架驱动系统机械间隙和皮带弹性带来的驱动误差。从而保证框架驱动精度误差小于 0.1mm，从而实现忠实于花样的绣作效果，提高绣品质量。

（2）步进闭环电动机高速丝杠换色功能。该技术配合新式丝杠换色机构，依靠步进闭环电动机超过 1200r 的工作转速，轻松实现 1～9 针位换色时间小于 2s 的高速换色，性能全面超越传统的交流电动机换色系统。

（3）步进电动机直驱剪线功能。该技术通过步进电动机直接驱动剪刀连杆，在剪线时配合主轴的角度完成剪线动作。通过控制步进电动机的驱动运动曲线代替剪线凸轮的运动曲线即电子凸轮的效果。可以根据每台绣花机的装配误差，通过参数化调整步进电动机的驱动曲线，得到最佳的剪线效果。

（4）智能断检及机头组合绣功能。该技术突破性的发展了传统隔头绣的功能，可以实现所有机头的任意分组，从而实现分组刺绣，扩大幅面；分组刺绣，又可扩充针杆数等功能。从而实现有特色的绣品效果和普通刺绣机无法实现独特的绣作工艺。

该技术和金片绣功能相结合，创造性地发展出金片组合绣，单金片机器实现多金片的效果，单金片机型在同一幅花样上实现多种金片刺绣的效果。在不增加厂家成本的基础上实现整机的增值。

（5）双换色技术。该技术突破性地实现了一台刺绣机两个换色驱动箱的同步换色控制，将一台超多头刺绣机的换色难题一下就简化为控制两台普通头数刺绣机的换色问题，巧妙地解决了超多头刺绣机的换色负载重，换色精度差的问题。

（6）双档片式交流电动机静态剪线技术。该技术可以有效解决传统的静态剪线机型在剪线完成时会出现线头毛糙、不整齐、剪线稳定性不高的问题。

（7）链式绗绣功能。该技术突破传统绗绣机只能实现锁式针迹的限制。实现了链式刺绣功能和绗绣驱动方式的完美结合，实现链式线迹的绗绣功能，极大丰富了绗绣的应用范围。

（8）家用刺绣机绣框自适应识别功能。该技术突破性地实现家用单头电脑刺绣机或帽绣机更换各种不同规格成衣绣和帽绣夹具时，电脑能够自动识别更换框架的类型，从而自动切换相应的位置参数，保证花样不会越限，并且可以根据框架类型自动切换动框曲线，随时保证最佳的绣作效果。

（9）机头压脚自动升降功能。该技术突破性地实现自动压脚升降功能，每个机头压脚通过一个步进电动机驱动，可以实现压脚高度的调整。绣作时可根据绣作面料的薄厚调节压脚高度，在不调节机械的情况下适用于各种厚度面料的绣作，从而保证高速稳定绣作，降低断线率，提高绣品质量。

（10）刺绣激光一体化控制功能。该技术可以实现一套电控系统支持刺绣控制功能同时支持激光控制功能。使用一个设计花样，实现两种功能之间的无缝切换，激光功率可以分头调整和设置，激光切割绣品时定位更加准确，实现更加完美的切割效果。

（11）刺绣镶钻一体化控制功能。该技术可以实现一套电控系统支持刺绣控制功能的同时还支持镶钻绣控制功能。使用一个设计花样，实现两种功能之间的无缝切换，使镶钻绣和平绣之间定位更加准确。

（12）高速全独立盘带绣功能。该技术实现每个盘带机头的 M 轴、压脚、Z 轴均采用步进闭环电动机控制，硬件上配备大电流驱动模块，提高 M 轴驱动能力，大幅提高盘带绣工作效率。带绣和 Z 绣可以实现 850r/min，缠绕可以达到 750r/min。

（13）摆梭刺绣功能。该技术打破传统刺绣机均采用旋梭的情况，使用摆梭作为成缝器。支持粗线刺绣，绣线适用范围从 8.33tex（75 旦）到 222.22tex（2000 旦）；并且可以使用 Z 捻绣线也可以使用 S 捻绣线。通过调节框架运动特性，可以同时使用不同粗细、不同捻度的绣花线绣作，都可获得完美的绣品效果。

（14）自动更换底线技术。智能化自动更换底线装置控制系统可以实现自动更换底线梭芯，降低更换底线所需时间，在提高刺绣机工作效率的同时降低刺绣机加工工人的劳动强度。以 88 头超多头电脑刺绣机为例，更换底线的时间从 30min 缩短到 1min。平均每台刺绣机日生产量可提升 20%。

（15）链式绗缝绣技术。该技术处于国际领先水平，突破了传统绗绣机只能实现锁式针迹的限制，实现了链式刺绣功能和绗绣驱动方式的完美结合，实现链式线迹的绗绣功能。极大地拓宽了绗绣应用的范围。最高工作转速 750r/min，最大头数 50 头。

（16）刺绣机联网管理。该技术实现多台绣花机联网管理，实现实时监控、传送花样、统计产量等功能，彻底改变高人力成本的现状，实现合理的人员利用，使车间多台刺绣机的管理更为便捷，提高生产效率。通过各种终端设备如手机、IPAD，通过互联网网页直接登录网络管理，随时随地进行刺绣机生产管理和数据查询。可以实现 500 台以下的刺绣机同时联网控制。

（17）刺绣机组合机头控制技术。该技术处于国际领先水平，实现支持单台刺绣机支持刺绣头数最多，超过日本同类产品近两倍。彻底颠覆了一个机头控制板控制一个机头的传统控制方式，突破性的实现三个机头一组，分组组合控制方法，三个机头共用一个控制母版，大大减少机头控制板的数量，大大降低了超多头刺绣机头数增加带来的机头控制部分的成本。可以实现一个机头控制板对三个刺绣机头的控制和断线检测功能。可以满足一台刺绣机最多 330 个刺绣机头控制的需要。

（18）刺绣机步进闭环框架驱动技术。该技术既集成了步进驱动和伺服驱动各自的优势，又弥补了各自的缺点，是一种全新的驱动方式。其突出的优点为：

①彻底摆脱步进电动机的发热问题。

②高速框架驱动柔和。

③位置控制精准，不会丢步走位。

④框架启停控制更加迅速。

⑤框架驱动机械结构简单。

⑥高低速变化是框架运动更加平稳。

⑦最高工作转速 1000r/min。框架驱动电动机体积减小 50%。

（19）玻璃散珠绣功能。该技术突破普通电脑刺绣机只能实现联体珠片绣功能，能实现对单个玻璃珠的控制及绣作，可以媲美传统的人工珠绣作品，能够代替人力工作，降低人力负担，提高绣作的工作效率，并可以实现大规模的机械化生产。相比手工穿珠方法，可以实现更为复杂的绣品效果，绣品给人耳目一新的感觉，视觉冲击力更强。

（20）环梭交替控制技术。该技术针对现有双向运动环梭控制方法中的每绣作一针就需要环梭正反旋转 360°的技术缺陷，通过预判花样行进方向，分别在绣作第一针和绣作第二针中环梭按相反的方向各交替旋转 360°，以完成对绣线的加捻和退线。该技术大大降低了对环梭电动机驱动的要求，解决了由于环梭轴的工作负担大，链式毛巾绣绣作速度受限制的问题，大幅提高链式毛巾电脑刺绣机的生产效率、链式电脑刺绣机稳定性以及绣品质量。

（21）双 H 轴伺服驱动技术。该技术突破性地在链式毛巾刺绣机型上实现双 H 轴电动机独立传动轴控制方式，可以同时独立控制两个 H 轴电动机进行传动，降低了每个电动机的负载率。且每个 H 轴电动机的传动轴独立分开，避免了因为传动轴过长而引起的传动轴扭曲问题。应用该技术超多头毛巾链式刺绣机头数可以增加到 70 头，速度可以提高到 1200r/min。

（22）链式多金片绣技术。该技术利用横向电动机切片多金片机械，成功摆脱了环绣机头压脚不能压刀切片的弊端，可以实现切片方式的链式多金片。在链式毛巾绣机型上实现多金片绣功能，实现像平绣线迹的大片、小片、叠片的任意组合，大大丰富了金片绣的应用。

1.3.2 刺绣机数控系统的发展前景

电脑刺绣机是当代极为先进的刺绣机械，它能使传统的手工绣花变得更加高速、更加高效，并且还能实现手工绣花无法达到的"多层次、多功能、统一性和完美性"的要求。它是一种体现多种高新科技的机电产品。

长期以来，我国国产电脑刺绣机主要以中低档的机型为主，与国际品牌相比，还存在一定的差距，主要是工艺技术和用材上，国产机还不能与这些高端的品牌相媲美，主要表现在使用寿命短、断线率高、绣制精度差等方面。但由于国产电脑刺绣机的价格相对较低，所以近几年的发展速度很快，占据了大部分市场份额，主要出口到印度、巴基斯坦、巴西、埃及等发展中国家，其中印度为主要出口方向，占总出口数量的 80% 以上。目前，全球大概 60% 的电脑刺绣机产自中国，而中国 60% 的电脑刺绣机来自浙江诸暨浣东街道这个省级电脑刺绣机高新技术产业区。诸暨电脑刺绣机已经形成一个产品集群，从零配件生产、机架制作到整机组装等已完成产业化的生产流程，现有生产电脑刺绣机及零配件生产企业大约 100 家，其中销售在 1000 万元/年以上的有 30 多家，龙头企业年出口均在 2000 万美元以上。

1.4 电脑刺绣机各种刺绣功能简介

电脑刺绣机按主要刺绣功能不同，可分为平绣系列、金片绣系列、毛巾绣系列、盘带绣系列、混合绣系列。

1.4.1 平绣系列

平绣系列电脑绣花机产品，广泛应用于时装、窗帘、床罩、玩具、装饰品、工艺美术品的刺绣。其功能特点如下：

（1）液晶显示：采用高分辨率彩色大屏幕液晶显示，刺绣过程中可动态数码跟踪显示花样，可根据需要进行中英文切换，操作简单方便。

（2）花样格式及储存容量：可读写田岛、百灵达、ZSK、二进制、三进制多种格式文件，储存容量高达 1 亿针，单个花样最大针数 200 万针。

（3）花样的旋转及缩放功能：花样可在 0～360° 花围内任意旋转，也可以左右反转。对花样可以在 50%～200% 之间随意缩放，还可选择花样的旋转优先或放大优先，以满足不同需要的刺绣。

（4）花样的编辑与组合功能：对内存中的花样可以进行编辑修改，也可以把数个花样、方向、倍数、距离组合成一个新花样，使用灵活方便。

（5）反复绣作功能：可以通常反复或部分反复，横向最多 9 次，纵向最多 9 次，共计 81 次反复绣作。

（6）针迹补偿功能：对指定花样自动进行平包针搜寻，并按要求对其展宽，生成新的花样。

（7）补绣功能：在刺绣中，由于断线等原因，个别机头会发生漏绣，这时可以回退到漏绣点，在绣普通花样时会退针数不受限制，在绣组合花样时，可退到当前普通花样的起点。

（8）自动补偿功能：根据布料、花样的不同要求，机器可单独或同时将 X 轴，Y 轴设置补偿以达到最佳刺绣效果。

（9）具有断电保护及断电恢复功能、断线检测功能、自动剪线功能。

1.4.2　金片绣系列

金片绣系列电脑绣花机是在普通平绣机的功能基础上又增加了金片绣功能，具有普通平绣、平绣金片等混合刺绣功能，缤纷多彩的金片可与各色绣花线绣制成一幅典雅、时尚、个性化的刺绣图案，是刺绣领域的新一代产品，广泛应用于时装（领花、胸花、花边、整衣等），手袋，婚纱，毛衣，鞋帽，窗帘，床罩，饰品，高档工艺品等的刺绣。其功能特点如下：

金片绣系列电脑绣花机除具有普通平绣机的功能特点外，还具有以下特点：

（1）金片装置有单金片、双金片、叠金片、四金片等各类装置可供选择。

（2）可根据需要选择双侧面、正面、单侧面等安装方式。

（3）可绣作 3/4/5/7/9/11/15/18mm 各种外形的金片（如圆形、方形、水滴形、梅花形、涡片等）。

（4）四金片功能除覆盖了单（双）金片功能以外，还拥有叠片、间隔片（间隔的数量可根据刺绣要求调整）等多种功能，满足花样多样化刺绣的要求。

（5）送片方式包含滚轮、拨叉结构，调节方便快捷。

1.4.3　毛巾绣系列

毛巾绣/链式绣以其立体感强、层次丰富、色彩绚丽等特点，在儿童服装、家居装饰、女士鞋帽等领域具有广阔的发展前景。

1.4.4　盘带绣系列

盘带绣运用扁带、绳等特殊材质，在绣作中采取盘、转、穿、曲、叠、折、卷等构成花形的变化,再用线连接固定,构成最终图形,使其具有特殊的刺绣效果。盘带绣在图案造型上形象简洁,图案反复连贯而富有立体感和韵律感。常用于服装和工艺品等。

1.4.5 混合绣系列

混合刺绣电脑绣花机为一种性价比较高的特种刺绣机型,将普通平绣、盘带绣、金片绣、毛巾绣等特种刺绣融为一体,实现多色环绣、多色平绣、金片绣、盘带绣等完美组合,绣品典雅、时尚、立体感强,广泛用于服装、窗帘、床上用品、工艺品等的刺绣工艺,应用前景十分广阔。其功能特点如下:

混合刺绣电脑绣花机可实现某单一绣法绣作或多种绣法组合绣作。具有更高的自动化,操作便捷。每个机构均有开关控制,可以独立地调节机头,能够实现任意绣作方式的正绣、补绣或手动操作功能。

1.5 电脑刺绣机刺绣工艺基础

1.5.1 平绣

平绣是一种最常用也是最传统的一种绣花工艺之一。它是用绣线通过不同的针法来表现图案的一种技法。制作工艺比较简单,主要靠图案、绣线和针法来创新,如图 1-9 所示。

1.5.2 贴布绣

贴布绣也叫镶绣,是在一块底布上绣花时,贴上另一块面料,利用贴布代替针迹而节省绣线,用来表现图案的不同肌理块面效果,成品较柔软,如图 1-10 所示。

图 1-9 平绣

图 1-10 贴布绣

预先把贴布布料裁剪成合适的形状，刺绣完后用剪刀把多余的布料剪掉。考虑到生产率与质量要求，一般的做法是用模刀把贴布预先裁好，后再进行刺绣。如图 1-11 所示。

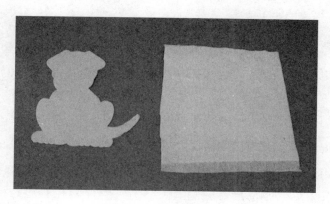

图 1-11　裁纸形状

1.5.3　立体绣

立体绣（3D）是利用绣花线把 EVA 胶包在里面而形成的立体的刺绣图案，如图 1-12 所示。

图 1-12　立体绣

3D 刺绣是使用泡棉来刺绣，使刺绣品看起来有立体感的刺绣方法。通常，用于皮革、帽子及运动鞋上。如混合使用普通刺绣及 3D 刺绣。利用发泡胶类似立体绣的方法刺绣，刺绣完毕后洗去发泡胶，可在中间形成中间空心，如图 1-13 所示。

1.5.4　雕孔绣

雕孔绣可用于普通平绣机上的生产，但需安装雕孔绣装置。利用雕孔刀把布料雕穿，然后用绣花线包边而在中间形成孔状，如图 1-14 所示。

图 1-13　3D 刺绣

图 1-14　雕孔绣

1.5.5　绳绣

在平绣机上安装绳绣装置即可进行绳绣，打板用平针，如图 1-15 所示。

1.5.6　珠片绣

在平绣机上安装珠片绣装置即可进行珠片刺绣，刺绣珠片的规格 3~9mm，如图 1-16 所示。

图 1-15　绳绣

图 1-16　珠片绣

1.5.7　植绒绣

植绒绣可在普通平绣机上进行，但需安装植绒针，利用植绒针上的钩子，把绒布上纤维绒勾起植于另一布料上。

绒毛结构较松而长，且有弹性的绒布做出来的绣品植绒效果比较丰富，如图 1-17 所示。

1.5.8　牙刷绣

也称立线绣，可在普通平绣机上进行，刺绣方法与立体绣一样，刺绣完后需把胶片对应厚度的绣花线割去，然后把胶片全部取走，绣线自然竖起，如图 1-18 所示。

图 1-17　植绒绣

图 1-18　牙刷绣

1.5.9　皱绣

皱绣可在普通平绣机上进行，对于化纤薄形面料效果较好，遇热收缩底衬（热缩40%），温水（40~60℃）溶解底线，如图 1-19 所示。

1.5.10　链式绣

链式绣可在毛巾绣机器上进行，以锁链式针法刺绣，如图 1-20 所示。

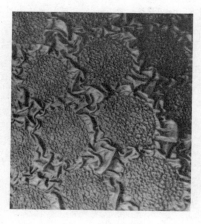

图 1-19　皱绣

图 1-20　链式绣

1.5.11　毛巾绣

毛巾绣可在毛巾绣机器上进行，绣品类似毛巾的效果，如图 1-21 所示。

1.5.12　花带绣

花带绣是盘带绣机上的一种绣法，使用不同的导嘴可以刺绣不同形状及大小的绳带，如图 1-22 所示。

图 1-21　毛巾绣

图 1-22　花带绣

1.5.13　褶边绣

褶边绣是盘带绣机上的一种绣法，利用花带的折叠绣法刺绣出不同形态的褶边花样，如图 1-23 所示。

1.5.14　暗绣

暗绣是指刺绣时绣花线被压在绳带的下面，如图 1-24 所示。

图 1-23　褶边绣

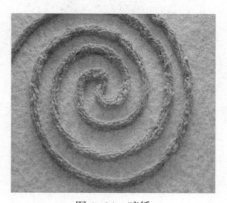

图 1-24　暗绣

1. 5. 15　立绣

绣花线穿在扁带的边缘而令扁带竖起来的一种绣法，如图 1-25 所示。

图 1-25　立绣

第2章

电脑刺绣机功能和操作方法

2.1　电脑刺绣机主要技术指标

以大豪 BECS-528 型刺绣机电控系统为例，主要技术指标如下：

（1）操作头显示屏幕：20.32cm（8 英寸）真彩 TFT 液晶。

（2）控制精度：最小控制针距为 0.1mm。

（3）针码范围：0.1~12.7mm 。

（4）内存最大存储针数：1 亿针。

（5）内存最大存储花样个数：800 个（当已经输入字母花样库时，花样存储数量将会变成 790 个）。

其功能介绍如下：

2.1.1　磁盘输入、输出及磁盘升级软件

该机型磁盘包括软磁盘及 U 盘。软磁盘驱动器为本系统可选的外置设备，通过 USB 口连接。而 U 口为标准设备，U 盘通过此口与本系统连接。

2.1.1.1　磁盘输入

通过软磁盘（或 U 盘），可将多种格式的磁盘花样读入内存中。本产品能读取田岛盘二进制、三进制，百灵达盘 FDR 格式（包括二进制、三进制和 Z 进制）及 ZSK 盘的花样。

2.1.1.2　磁盘输出

电脑中存储的花样可以输出存储到 U 盘。BECS-528 控制系统选择田岛盘二进制格式作为花样输出格式。

2.1.1.3　磁盘升级软件

BECS-528 机型可以使用 U 盘升级软件。

2.1.2　多语言显示

该机的显示包括图形和文字，其文字部分可由用户通过键盘操作来选择使用中文、英文、西班牙文、土耳其文、法文、葡萄牙文等。操作键采用图符进行标识，可有效消除语

言限制。

2.1.3　花样的图形显示

本机型不仅可直接查看磁盘及内存中的花样图形，而且在正常绣花的同时，可实时跟踪显示刺绣花样的图形，形象直观。

2.1.4　换色功能

在换色位置可进行手动换色或按预先设置的换色顺序进行自动换色。

2.1.5　回退补绣功能

在绣作过程中，为了补绣方便该机型设置了各种丰富的空走、回退方式，使补绣工作变得简单方便。

2.1.6　调速功能

刺绣最高速度可预先设定，在刺绣过程中转速随针距变化而自动调节。

2.1.7　断线检测

在刺绣过程中发生断线，或者针线用完，机器自动停车并亮灯报警。

2.1.8　循环绣作功能

当设有循环绣作功能时，花样刺绣一次完毕，可自动返回原点，开始下一次绣作过程。该功能配合特殊打板或反复绣作，可使工作效率大大提高。

2.1.9　反复绣作功能

当刺绣一个花样时可设置为反复刺绣（并可伴随循环绣作一起使用），以提高生产效率。该机可直接执行通常反复；对于部分反复功能仍然保留，但要通过"辅助管理"菜单下的"从刺绣参数生成基本花样"操作来生成一个新花样，通过刺绣这个花样来实现。

2.1.10　批量绣作功能（组合花样）

把若干相同或不同的花样，按照不同的缩放倍率、旋转角度、图案方向，相对位移进行组合，形成一个带有所设定参数、包含若干相同或不同的花样的综合花样，该综合花样定名为"组合花样"，在内存花样目录中以"PAR"的后缀存储。通过对该花样刺绣，实现批量绣功能。

2.1.11　花样的编译功能

对当前刺绣花样编译在准备好刺绣时进行，即把当前选中的刺绣花样，按照所设定的缩放倍率、旋转角度、通常反复或部分反复等刺绣方法进行编译计算，生成一个新的花样存入内存。这个新花样可用于刺绣、输出及其他处理。

2.1.12　对组合花样编译

电脑可把一个已设定的组合花样通过编译计算，生成一个新的花样存入内存。这个新花样可用于刺绣、输出及其他处理。

2.1.13　内存花样的编辑功能

可对内存中的花样（不包含组合花样）进行逐针编辑，方便用户对花样进行局部修改。

2.1.14　贴布绣作功能

该功能可将花样换色码或停止码处设为贴布点，当花样绣作到贴布点，机器自动停车出框（以另外起点的设置为基础），待贴好布后，拉杆可自动回框并继续绣作。

2.1.15　花样起绣点记忆功能

该功能可记忆每个花样的起绣点，以免除使用者每次选择同一花样刺绣时，手动移框寻找起绣点的烦琐劳动。

2.1.16　边框绣、十字绣及开位绣功能

边框绣可用于对当前花样的边框进行绣作，方便定位。十字绣可用于在当前位置绣一个十字，方便定位。开位绣可在当前位置绣一条或多条直线，方便开位。

2.1.17　各种机器的维护及调试功能

包括机器自检、编码器自检、主轴转速自检、机器部件测试及主轴任意位置停车等。该功能的运用，使刺绣机的调试与维修中的故障判断变得更加得心应手。

2.1.18　刺绣参数记忆功能

将选定的刺绣参数如换色顺序、图案方向、旋转角度、反复等和刺绣花样捆绑在一起，可以大大减少使用者在不改变某一花样刺绣参数的前提下，多次刺绣该花样时输入刺绣参数的烦恼。

2.2 电脑刺绣机电控系统操控方法

2.2.1 电脑操作面板说明

以大豪 BECS-528 型刺绣机电控系统为例，电脑操作面板如图 2-1 所示，各功能介绍如表 2-1 所示。

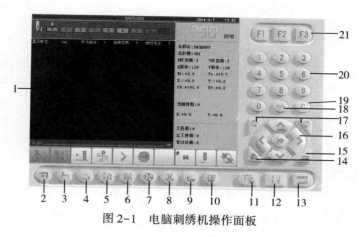

图 2-1 电脑刺绣机操作面板

表 2-1 各功能介绍

序号	名称	功能描述
1	液晶显示屏幕	此范围显示操作画面
2	花样管理键	按此键后，进入内存花样管理界面。其中包括，选择刺绣花样、花样输入到内存、显示花样及生成新花样操作等
3	辅助管理键	按此键进入相应的辅助管理操作
4	绣作状态切换键	按此键可使绣作状态在高速空走、低速空走、正常绣作之间切换
5	换色—启动方式转换键	按此键机器状态在自动换色、自动启动、手动换色、手动启动状态之间转换
6	换色顺序设置键	停车时，按此键操作有效；操作有效后，进入换色顺序设置界面，按对应针位序号进行换色设置
7	花样方向设置键	刺绣前，按此键使花样在不同方向之间切换
8	手动剪线键	停车后，按此键可进行手动剪线操作
9	回原点键	在刺绣中间停车后及刺绣结束停车后，该操作可使绣框返回花样起点
10	回停绣点键	在刺绣中途停车后，按手动移框键使绣框移动（如进行贴布），而后按该键可使绣框返回原停绣点
11	退出键	操作时按此键即可退出相应的操作
12	刺绣确认键	按此键可进行刺绣确认和刺绣解除的相应操作
13	确认键	按此键可确认相应的操作

序号	名称	功能描述
14	空格及加 10 键	按此键可以进入输入空格（或插入）操作及数字加 10 的操作
15	点动键	停车后，按一下此键，机器转一周
16	手动移框键	操作时，可按此键来移动绣框方向。此键支持组合方向（即同时按相邻的方向键则绣框沿两方向夹角的 45°方向移动）。中间按键为高、低速切换键
17	速度调整键	按 ⟨PD⟩ ⟨PU⟩ 键分别为降低、升高当前设定刺绣速度
18	数字正负键	此键用于选择输入数字的正负，如在主界面时，用于显示绣作统计和软件版本
19	清除键	按此键可清除相应的输入或电控记录
20	数字按键	此键用于选择菜单选项或设置参数
21	自定义功能键	此键用于设置经常需要修改的参数

2.2.2 剪线操作

2.2.2.1 手动剪线

可以当机器处于停车状态时，通过键盘操作完成剪线动作。停车时，在主画面，按 ✂ 键，出现提示窗口，移动光标选择剪线方式（"剪上下线"或"剪下线"）按 ⟨ENTER⟩ 键，执行剪线操作。按 ⟨ESC⟩ 键，退出剪线操作。

2.2.2.2 自动剪线

在刺绣中遇有换色、越框等操作以及在刺绣结束后，机器可以自动剪线。当机器不具有自动剪线装置时，在刺绣中途停车时，用户可进行手动剪线。

2.2.3 刺绣操作杆及慢动按钮

（1）刺绣操作杆（或称刺绣杆或操作杆，在台板下方）。

当操作杆处于停车态：向右拉开始绣作（包括低速空走、高速空走），向左拉开始回退（包括低速空走、高速空走）。

当操作杆处于开车态：向右持续拉动为低速刺绣，松开恢复原速；向左拉为停止刺绣。

（2）到位按钮（在台板下面右边操作杆箱上）。按一下，机器转一周，停止在 100°±2.5°。

2.2.4 补绣开关

2.2.4.1 机器使用"三位"断线检测装置

在每个机头上有一个拨动开关，该开关有三个锁定位置，拨到上位时为正常刺绣，拨到中位时为该机头补绣，拨到下位时该机头停止刺绣。

2.2.4.2　机器使用"二位" 断线检测装置

在每个机头上有一个拨动开关，该开关有三个拨动位但只有两个锁定位置。开关拨到上位时不能锁定，但可将显示灯置为红色，表示该机头补绣（在刺绣中断线时，显示灯自动变为红色，该机头自动变为补绣状态）；开关拨到中位，显示灯为红色时表示处于补绣状态，显示灯为绿色时表示处于正常刺绣状态；开关拨到下位时，显示灯不亮，该机头停止刺绣。开关从下位拨到中位时，显示灯为绿色表示处于正常刺绣状态。

2.3　电脑刺绣机主要功能与操作

2.3.1　刺绣向导

2.3.1.1　刺绣机的工作模式

电脑刺绣机可分为三种工作模式：

（1）准备模式——为进行刺绣作业，预先（准备）设置各种控制参数及输入或选择刺绣花样。其特点是停车，刺 图标闪烁，如图 2-2 所示。

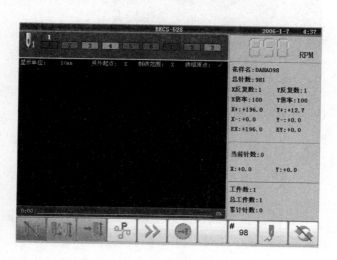

图 2-2　准备模式

（2）确定模式——对已设置完成的控制参数进行刺绣前的确认，使机器进入准运行模式。特点是停车，刺 图标出现，如图 2-3 所示。

（3）运行模式（或称开车模式）——刺绣机生产作业。其特点是机器运转，如图 2-4 所示。

三种工作模式之间的转换：

（1）在准备模式（刺 图标闪烁），如果已经（为刺绣）选择内存中的花样及相关

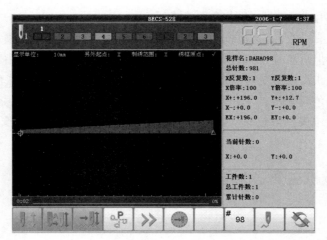

图 2-3　确定模式

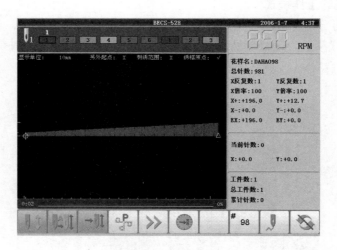

图 2-4　运行模式

参数，先按 [↓] 键，然后按 [ENTER] 键确认，系统进入确定模式（图标出现），向右拉一下刺绣操作杆，机器开始刺绣，此时即进入运行模式。

（2）在运行模式（等图标动画显示），向左拉一下刺绣操作杆，机器停止刺绣，进入确定模式（再向右拉一下刺绣操作杆，又可进入运行模式）。

（3）在确定模式（图标出现），先按 [↓] 键，然后按 [ENTER] 键确认，可解除确定模式，进入准备模式（图标闪烁）。

2.3.1.2　刺绣状态图标说明

主画面屏幕下方有 10 个图标表示系统当前的状态，其意义按位置序号说明如表 2-2 所示。

表 2-2 主画面屏幕下方图标功能说明

序号	图标	功能说明
1		代表系统进入刺绣确定模式
		代表系统进入刺绣准备模式
2		代表系统处于自动换色、自动启动态
		代表系统处于自动换色、手动启动态
		代表系统处于手动换色态
3		代表系统处于正常刺绣态
		代表系统处于高速空走态
		代表系统处于低速空走态
4		代表刺绣花样的 8 个图案方向
5		代表手动高速移框
		代表手动低速移框
6		代表机器已经停车到 100 度
		代表机器没有到 100 度
7		代表系统正执行跳针
		代表机器断线
	END	代表机器已经刺绣完一个花样
		代表系统正执行换色
8	# 98	显示选择的刺绣花样号
9		代表拉杆停车
10	、 、 动画显示时	代表机器处于开车态
11		代表系统已经设置循环刺绣
		代表系统未设置循环刺绣

2.3.1.3 有关菜单项状态的说明

本系统大量采用菜单形式的操作方法，这种操作方法直观、实用。通常，一个菜单项的序号是用其前面的数字（如①，②，③，…，⑩）表示的。如果某菜单项的序号用⊗符号表示，那么，目前该菜单项是不能进入的，（该参数在当前状态下是不允许设定或该参数在当前配置下是无效的）；如果某菜单项的序号用 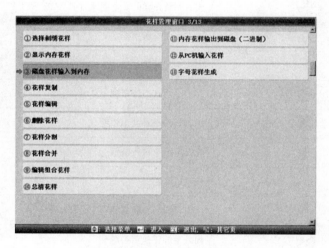 符号表示，那么该菜单项须输入密码方可进入。

如何进行第一次刺绣，电脑刺绣机的刺绣是基于其内存中存储的花样而进行的，新机器在用户第一次正式使用之前，应首先做一次系统初始化，再做内存总清（此操作涉及"花样管理"操作，应在刺绣准备模式下进行，内存花样管理），然后再用磁盘输入所需刺绣的花样。花样输入内存之后，即可从内存中选择并确定刺绣花样，进入刺绣确定模式，向右拉操作杆即可开始该花样的刺绣。

把磁盘花样存入内存，读磁盘花样存入内存的操作，在内存花样管理菜单中完成，如图 2-5 所示。

磁盘花样的输入是通过 U 盘连接到 USB 接口，或选配 U 盘驱动器连接到 USB 接口读取软磁盘。本系统只有 1 个 USB 接口，只能同时接 1 个 U 盘或 1 个 U 盘驱动器，可直接插拔互换。

（1）按 🔘 键，移动光标到"磁盘花样输入内存"项，然后按 🔲 键。

图 2-5　磁盘花样输入内存

（2）选择磁盘花样，按 🔲 键。

（3）如果不使用系统提供的缺省值，使用键盘输入花样号，按 🔲 键确认，读盘开始。如不使用该花样号，可按数字键输入选用的花样号，数字输错可按 ⓒ 键清除。花样号输入完后可按 🔲 键确认，当输入的花样号与内存中已有花样号发生冲突时，机器不接受这次输入，需要重新输入花样号，再按 🔲 键。

（4）磁盘花样开始输入系统内存，并完成该操作。如图 2-5 所示，刺绣前的准备，在刺绣之前，即在刺绣准备模式，应先完成或确定以下几项内容的设置：

①自动换色或手动换色，即在绣作当中遇有换色码时是停车后自动换色还是等待手动换色。如果设定为自动换色，还需要设定自动换色顺序。

②自动启动或手动启动，即在自动换色后是自动起绣还是手动拉杆起绣。

③还需要设置绣作时的图案方向，设置图案的旋转角度、缩放倍率，设置该图案是否需要反复绣作多次。

2.3.1.4　选择内存花样及刺绣花样确定

（1）有关花样起绣点记忆的说明。

①花样起绣点的定义。花样起绣点记忆就是将任一刺绣花样起绣点的位置信息由机器保存起来，以免除要多次刺绣同一花样（中间间隔别的花样刺绣），而又不需要改变其起绣点位置的重复定位之苦。

②花样起绣点记忆功能实现的前提。本机器必须进行绣框原点记忆功能的设置并且设置有效，才能使花样起绣点记忆功能得以实现。

③花样起绣点记忆功能实现中需要说明和注意的要点。

第一，选择刺绣花样时，如果机器未设置"绣框原点"，会出现提示"先设置绣框原点，方可记忆花样原点"，此时必须进行绣框原点的设置，才能使花样起绣点记忆功能得以实现。

第二，如果当前刺绣花样已有起绣点，则使用恢复花样原点的操作，将移动绣框到以前保存的花样起绣点位置。

第三，若要使用花样起绣点记忆功能，建议采用这样的操作顺序：首先，选择刺绣花样；再移框确定花样的起绣点；最后做刺绣确认，依据提示记忆起绣点。

第四，在刺绣确认后，再通过移框确定的起绣点，将不被记忆。

第五，如果花样起点已经记忆，也可辅助断电恢复绣框使用。当机器断电且绣框已被移动时，在机器的绣框原点有效时（如无效，可重复上一次的绣框原点设置并保证绣框原点与前一次的一致），解除刺绣确定并重新选择该花样且恢复该花样的起绣点，再作刺绣确定，然后高速空走到停绣点，最后继续刺绣。

（2）有关刺绣参数记忆的说明。用户在做花样的刺绣确定时，机器可以保存该花样的刺绣参数以供将来重复使用。这些刺绣参数包括：图案方向、旋转角度、X 放大率、Y 放大率、优先方式、反复方式、反复顺序、X 反复次数、Y 反复次数、X 反复间距、Y 反复间距、换色顺序（注：只保存/恢复前 100 个花样的上述参数）。

如果该花样已经保存了刺绣参数，那么在选择该刺绣花样时，就可以直接恢复其刺绣参数。

该功能特别适用于用户多次刺绣同一花样又不改变其刺绣参数的情况，从而避免重复输入参数，减少可能出现的操作错误。

（3）选择刺绣花样。

操作：

①按 ⬚ 键（在刺绣准备模式），进入花样管理窗口，如图 2-6 所示。

②光标自动定在"选择刺绣花样"项，按 ⌨ 键。

③在内存花样管理界面的内存花样图标区，选择要操作的花样，然后按 ⌨ 键确认。

④进入"显示花样参数"的界面，按 ⌨ 键确认选择该花样作为将要刺绣的花样，同时返回主画面；或者按其他键放弃选择刺绣花样。

图 2-6　准备模式

⑤如果该花样起绣点被记忆过，进入主画面前会出现"是否回花样起绣点"的提示。按 [ENTER] 键，绣框自动回到花样起绣点。

（4）刺绣确定。

操作：

①按 [⚊] 键后，提示用户进行刺绣确认，按 [ENTER] 键，如图 2-7 所示。

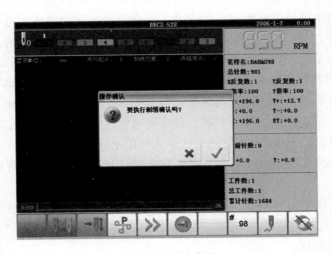

图 2-7　刺绣确认

②在系统主画面上，[⚊] 图标出现，进入刺绣确定模式，拉杆即可进行刺绣。如果按 [⚊] 键，刺绣机仍将处在刺绣解除状态。此时即使拉操作杆，机器也不会运转，并会出现提示窗口，要求用户刺绣确认。

③正常绣作及回退和补绣。在刺绣确定模式（[⚊] 图标出现），需正常刺绣的机头，把机头控制开关拨至正常刺绣状态，把不需要刺绣的机头控制开关拨至下位，向右拉一下

操作杆然后松开（连续顶住则低速绣作），机器即可开始正常刺绣。绣作中向左拉一下操作杆，机器即可停止刺绣。

机器停绣后，再向左拉操作杆，绣框沿绣作原路径回退。拉一下，退一针，连续顶住则连续单步回退，连续单步回退十针以后（不同的机型可能略有不同），松开操作杆也可连续回退。连续回退时，操作杆松开后，再向左拉一下即可停止回退。

回退的目的一般是为了补绣，当回退停止后，应把需要补绣的机头控制开关拨至补绣状态。向右拉一下操作杆，补绣机头开始补绣，其他机头不落针。当补绣到达回退开始点时，其他在正常刺绣状态的机头也开始落针刺绣。

（5）解除刺绣确定。当花样绣作结束，要换绣其他花样，或者要修改放大倍数、旋转角度、重新设定反复、改变图案方向时，或者要做磁盘操作、对内存花样编辑操作时等，都需要先解除刺绣确定模式。

操作：

①按 $\boxed{1\Downarrow}$ 键（在刺绣确定模式），系统出现提示窗口，如图2-8所示。

图2-8　解除刺绣确定模式

②依照提示（按 $\boxed{\text{ESC}}$ 键放弃解除）按 $\boxed{\text{ENTER}}$ 键则解除刺绣确定，$\boxed{\mathbb{N}}$ 图标闪烁，退回刺绣准备模式。

2.3.2　正常绣作与空走

空走、回退等功能都是为了方便补绣而设置的，根据刺绣需要，可使用低速空走、高速空走及定位空走。那么在"空走"状态下，回退也相应有低速空走回退，高速空走回退及定位空走回退。

2.3.2.1　低速空走

操作：在停车时按 $\boxed{\Rightarrow}$ 键，直到出现下面显示低速空走 $\boxed{\text{🪡}}$ 为止，如图2-9所示。

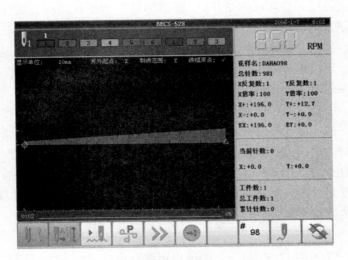

图 2-9　低速空走

设定低速空走后，拉杆正绣时主轴不转，绣框沿花样针迹路径前进。拉杆回退时，主轴不转，绣框沿花样针迹回退。

2.3.2.2　高速空走

操作：在停车时按 键，直到出现下面显示高速空走 为止，如图 2-10 所示。

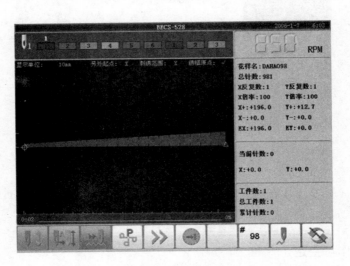

图 2-10　高速空走

设定高速空走后，拉杆正绣时主轴不转，绣框不动，针计数递增，拉杆停车后，绣框直接移到当前针数的实际位置。拉杆回退时主轴不转，绣框不动，针计数递减，拉杆停车后，绣框直接退到当前针数的实际位置。

2.3.2.3　低速空走及高速空走状态的解除

操作：在停车时按 ⟳ 键，直到出现下面显示正常绣作 ⟱ 为止，如图 2-11 所示。此时为正常刺绣状态。

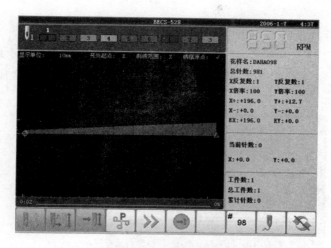

图 2-11　低速空走及高速空走状态的解除

2.3.2.4　定位空走

它可以使绣框直接前进（或回退）到某一指定针数的位置，也可以使绣框直接前进（或回退）到最近一次换色点的位置，还可以使绣框直接前进（或回退）到最近一次停止码的位置。

操作：

（1）按 ✋ 键（在刺绣确定模式），进入辅助管理界面。

（2）移动光标到"定位空走"项，按 ⏎ 键，菜单如图 2-12 所示。

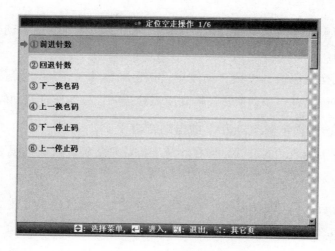

图 2-12　空位空走操作

（3）用 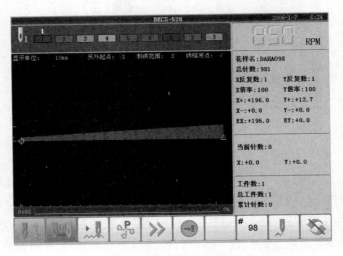 键，选择所需要的"定位空走"方式，按 键。

（4）对各种空走方式分别依提示继续操作。

2.3.3 有关换色操作

2.3.3.1 停车时手动换针（换色）

在停车时，对于小于 9 的针直接按数字键，即可进行手动换针。对于大于 9 的针，如 10 针，可先按 键，再按"0"键，即可换到第 10 针位，如图 2-13 所示。

图 2-13 停车时手动换针

2.3.3.2 绣作中手动换色手动启动

设置手动换色手动启动的方法是，在刺绣准备或刺绣确认模式下按 键直至主画面显示 。

如果机器设为手动换色及手动启动，那么在绣作开始之前，用手动换针，选好针位，然后拉杆开始刺绣。

在绣作中遇到换色码时，机器自动停车，换色图标 出现，等待手动换色。此时操作者需要按数字键，进行手动换针，换到所需针位后，拉操作杆启动刺绣（手动启动）。

2.3.3.3 绣作中自动换色手动启动（或自动启动）

设置自动换色手动启动的方法是，在刺绣准备或刺绣确认模式下按 键直至主画面显示 ，如图 2-14 所示。

设置自动换色自动启动的方法是，在刺绣准备或刺绣确认模式下按 键直至主画面显示 ，如图 2-15 所示。

如果机器设为自动换色，那么在刺绣之前，应先设好自动换色的换色顺序，然后再做

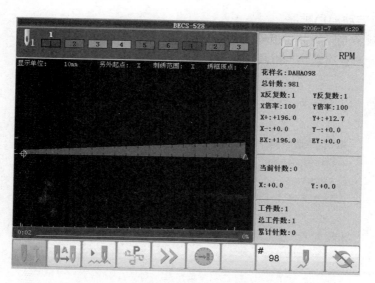

图 2-14 自动换色手动启动

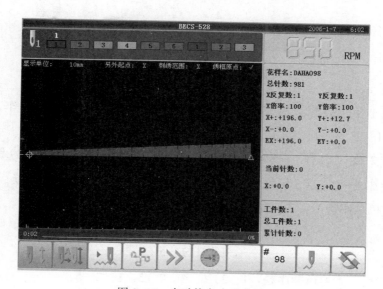

图 2-15 自动换色自动启动

刺绣确定。

在拉操作杆启动刺绣时，无论当前针杆停在什么针位，都将按照自动换色顺序中所设针位进行换针（当前针位与换色顺序中所设针位一致时除外），然后开始刺绣。

在绣作中遇有换色码时，机器自动停车，按照自动换色顺序中所设针位，自动换到指定针位。此时若设定为自动启动，则机器自动开始绣作，若设定为手动启动，则需要操作者拉动操作杆启动刺绣。

2.3.3.4 设定自动换色顺序

自动换色顺序专门服务于机器设为自动换色时，并为其提供换色顺序。

备注：最大换色次数为 980 次。

操作：

（1）按 🔘 键，显示如图 2-16 所示。

图 2-16 花样换色顺序操作

（2）如按 1 及 🔲 后，进入输入换色顺序界面，如按 1，2，3，回车。按 🔲 后，换色顺序按：1，2，3，1，2，3，1，2，3，…重复放置。

（3）如按 2 及 🔲 后，可移动光标，单独修改选定的换色针，按 🔲 键结束。

（4）如按 3 及 🔲 后，可把已设好的换色顺序中的针位进行统一转换。

例如：换色顺序是：1，2，3，1，2，3，1，2，3，…

选：

原针位：3
新针位：5

按 🔲 键后。新换色顺序是：1，2，5，1，2，5，1，2，5，…

2.3.3.5 手动换色记忆

在刺绣确定模式下，做手动换针的操作时，可选择是否将该针位自动记入换色顺序单元。它的作用是：第一，如果在绣作过程中发现自动换色的换色顺序设置有错误，那么在手动换针的同时，也就修改了换色顺序；第二，一个新的花样用手动换色绣一次，也就同时设好了自动换色的换色顺序。

操作：

（1）按 🖑 键，进入辅助管理界面。

（2）移动光标至"设定机器参数"项，按 🔲 键，如图 2-17 所示。

图 2-17　设定机器参数

（3）光标自动定到"刺绣辅助的参数"项，按 ⏎ 键，如图 2-18 所示。

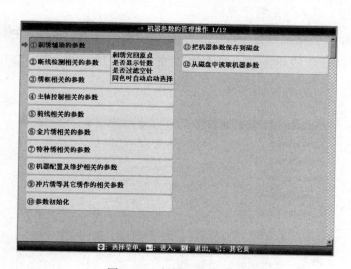

图 2-18　刺绣辅助的参数

（4）移动光标到"手动换色是否记忆"项，按 ⏎ 键，如图 2-19 所示。

（5）用 ∧ ∨ 键，选择"是"或"否"。

（6）按 ⏎ 键确认。

2.3.3.6　换色速度

一般绣花机的换色速度是由机械的传动比率决定的，电脑只能控制启动或停止，不能控制换色速度。但对于换色是由步进电动机驱动的绣花机，电脑为了满足不同机械对换色速度的需要，可以通过"步进换色速度"项来进行适当调整。

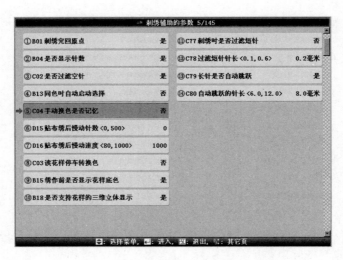

图 2-19　手动换色是否记忆

操作：

（1）按 键，进入辅助管理界面。

（2）移动光标到"设定机器参数"项，按 ENTER 键，进入机器参数的管理操作界面。

（3）移动光标到"机器配置及维护相关的参数"项，然后按 ENTER 键，如图 2-20 所示。

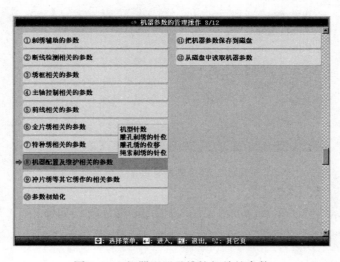

图 2-20　机器配置及维护相关的参数

（4）移动光标到"步进换色速度"项，按 ENTER 键确认，如图 2-21 所示。

（5）用数字键更改与机械相适应的速度值，数字小表示速度慢，数字大表示速度快。

（6）按 ENTER 键确认。

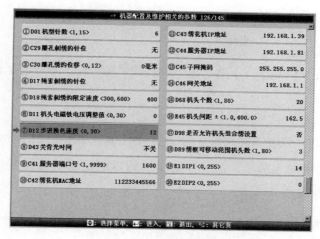

图 2-21　步进换色速度

2.3.4　有关绣框操作

2.3.4.1　手动移框

在停车时按住 四个方向键或同时按住相邻位置的两个方向键，可使绣框分别沿八个不同方向移动。在八个方向键中间的 键为移框速度键。移框速度分为高速和低速，每按一下 键，切换一回。

2.3.4.2　回原点操作

在手动移框之后，可使绣框返回移框前的位置。在刺绣中间停车后及刺绣结束停车后，该操作可使绣框返回花样起点。

操作：

（1）按 键，出现回原点操作菜单，如图 2-22 所示。

图 2-22　回原点操作

（2）按 [ENTER] 键，则返回原点，或按 [ESC] 键放弃。

2.3.4.3　恢复花样原点

如果当前刺绣花样以前保存了起绣点，可以使绣框自动回到以前保存的起绣点。

操作：

（1）按 [HOME] 键，出现回原点操作界面。

（2）移动光标到"恢复花样原点"时，按 [ENTER] 键，如图 2-23 所示。

（3）按 [ENTER] 键恢复起绣点，系统移动绣框到以前记忆的花样起绣点位置；按 [ESC] 键，则放弃恢复花样起绣点操作。

2.3.4.4　记忆花样原点

该功能，将当前绣框位置保存为当前刺绣花样的起绣点。

操作：

（1）按 [HOME] 键，出现回原点操作界面。

（2）移动光标到"记忆花样原点"时，按 [ENTER] 键，如图 2-24 所示。

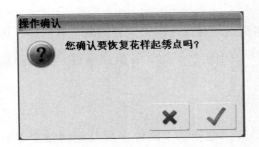

图 2-23　恢复花样原点

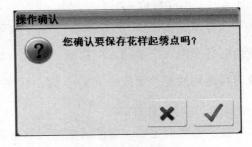

图 2-24　记忆花样原点

（3）按 [ENTER] 键，保存当前绣框位置为刺绣花样的原点。按 [ESC] 键，则放弃保存花样起绣点操作。

注：如一个花样起绣点不变，则只需"记忆花样原点"一次，然后可在任何时候多次进行"恢复花样原点"操作。

2.3.4.5　自动找花样原点

该功能是以"辅助管理"中"刺绣范围的软件设置"为基础的，因此，要使用该功能，必须首先做"刺绣范围的软件设置"。

该功能自动寻找当前刺绣花样的原点（起绣点），并将该花样定位在绣框的中心。

操作：

（1）按 [HOME] 键，出现回原点操作界面。

（2）移动光标到"自动找花样原点"时，按 [ENTER] 键，如图 2-25 所示。

（3）按 [ENTER] 键确认操作，系统将计算花样在绣框上的中心位置，并移动绣框定位花

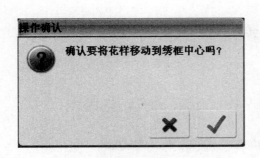

图 2-25　自动找花样原点

样的起绣点；按 键则取消操作。

2.3.4.6　沿花样周边走框

　　在选好花样后，绣作开始之前，执行该项操作，绣框可以沿花样周边路径行走一周，以检验是否越限。

　　操作：

　　（1）按 键，出现回原点操作界面。

　　（2）移动光标到"沿花样周边走框"时，按 键，如图 2-26 所示。

　　（3）按 键确认操作，绣框沿花样周边走框；按 键则取消操作。

2.3.4.7　回停绣点

　　在刺绣中途停车后，按手动移框键使绣框移动（如进行贴布），而后使用该功能可使绣框返回原停绣点。

　　操作：

　　（1）按手动移框键使绣框移出（如进行贴布）。

　　（2）按 键，主界面出现"操作确认"的对话框，如图 2-27 所示。

　　（3）按 键，则返回停绣点（按其他键放弃）。

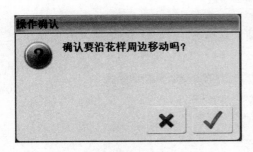

图 2-26　沿花样周边走框

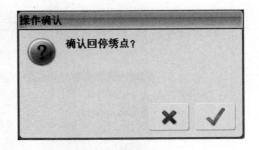

图 2-27　确认回停绣点

2.3.5　有关主轴操作

　　刺绣机在刺绣过程中，其刺绣转速是由电脑根据花样的针长随时自动调整的，绣长针时采用低速，绣短针时使用高速。但是机器可达到的最高转速是由用户设置的，即所谓设置机器"最高转速"。在设置的机器最高转速范围内可用升、降速键控制当前刺绣的最高转速。

　　机器最高转速设置的范围为 250 ~ 1000r/min 有些机型可能会略有变化，如 1200r 机型，可由用户根据需要选定，选择最高转速不用留余量，如正常使用为 750r，建议就设为 750r。

2.3.5.1 设置最高转速

作用：该项设置是为确定机器的最高上限转速。

操作：

（1）按 键，进入辅助管理的界面。

（2）移动光标到"设定机器参数"项，然后按 键，如图 2-28 所示。

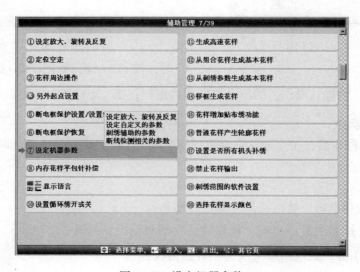

图 2-28　设定机器参数

（3）移动光标到"主轴控制相关的参数"项，然后按 键，如图 2-29 所示。

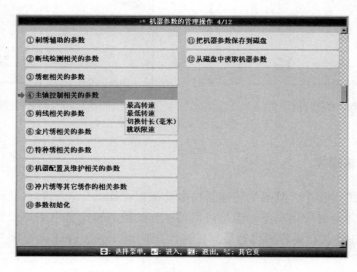

图 2-29　主轴控制相关的参数

（4）光标自动定到"最高转速"项，按 键，如图 2-30 所示。

图 2-30　最高转速

（5）用 $\wedge$ $\vee$ 键更改最高转速，按 $\boxed{\text{ENTER}}$ 键确认。

（6）按 $\boxed{\text{切}}$ 键退出。

注：最高转速的设置，推荐使用出厂设置。

2.3.5.2　设置刺绣转速

作用：它规定刺绣时的运转速度。

操作：

（1）按 $\boxed{\text{键}}$ 键，每按一下，可使转速升高 10r/min，当长时间按键时，转速会快速上升，达到最高转速时则不再升高。

（2）按 $\boxed{\text{键}}$ 键，每按一下，可使转速降低 10r/min，当长时间按键时，达到最低 250r/min 时则不再下降。

2.3.6　辅助管理及修改各类参数

2.3.6.1　设定放大、旋转及反复

该项操作，可设定花样在刺绣时的缩放倍率（50%～200%），旋转角度（0～89°）以及刺绣中是否反复。

操作（在刺绣准备模式下）：

（1）按 $\boxed{\text{手}}$ 键，出现辅助管理菜单。

（2）光标自动定到"设定放大、旋转及反复"项，按 $\boxed{\text{ENTER}}$ 键，如图 2-31 所示。

（3）依照提示，使用 $\wedge$ $\vee$ 键以及 $\boxed{\text{ENTER}}$ 键可选择下列内容进行输入，如图 2-32 所示。

①图案方向（P）。使用 $\wedge$ $\vee$ 及 $\boxed{\text{ENTER}}$ 键完成输入。每按一次 $\wedge$ 或者

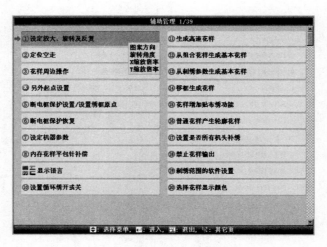

图 2-31　设定放大、旋转及反复

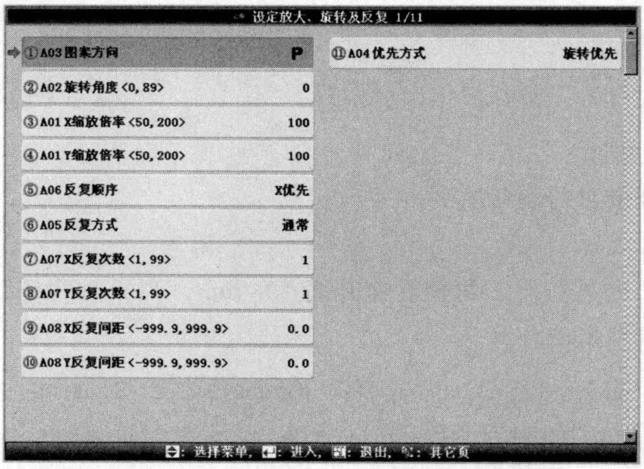

图 2-32　图案方向

键，则图案方向变化一次，直到出现所需要的图案方向为止。

②旋转角度（0~89°）。使用数字键，C 键及 ENTER 键进行输入。该角度为花样相对于所选图案方向上的逆时针旋转角度。

③X 放大率（50%~200%）。可使用数字键，C 键及 ENTER 键来完成输入。该放大率为花样的横向缩放率。

④Y 放大率（50%~200%）。可使用数字键，C 键及 ENTER 键来完成输入。该放大率为花样的纵向缩放率。

⑤反复顺序（X 优先或 Y 优先）。使用 ∧ ∨ 及 ENTER 键完成输入。X 优先表示反复时横向一行一行地进行重复绣。Y 优先表示反复时纵向一列一列地进行重复绣。

⑥反复方式。使用 ⌃ ⌄ 及 ⏎ 键完成输入。通常反复指反复绣时，绣完一个完整花样后，绣框再到下一设定位置绣该花样，即以整个花样为单位重复刺绣。部分反复指反复绣时，绣完花样的某个颜色的针后，绣框即到下一重复花样的相应位置再绣该颜色的针，直到该颜色反复次数绣完后，再换到下一颜色，再重复，直到每种颜色的针都重复绣完为止。

设为通常反复后，刺绣时可直接执行。设为部分反复时，还要先对花样进行编译，然后选择编译后的新内存花样进行刺绣。

⑦X 反复次数（1~99）。使用数字键、Ⓒ 键及 ⏎ 键可完成输入。X 反复次数表示横向重复数，即一行中重复绣作次数。

⑧Y 反复次数（1~99）。使用数字键、Ⓒ 键及 ⏎ 键可完成输入。Y 反复次数表示纵向重复数，即一列中重复绣作次数。

⑨X 反复间距（单位：mm）。使用 ⌗ 键、数字键、Ⓒ 键、◢ 键及 ⏎ 键可完成输入。

X 反复间距表示反复时，横向相邻两花样起点之间的距离（精度为：0.1mm）。其中"+"表示绣框向左移动，"-"表示绣框向右移动。

⑩Y 反复间距（单位：mm）。使用 ⌗ 键，数字键，Ⓒ 键，◢ 键及 ⏎ 键可完成输入。

Y 反复间距表示反复时，纵向相邻两花样起点之间的距离（精度为：0.1mm）。其中"+"表示绣框向后移动，"-"表示绣框向前移动。

⑪优先方式（放大优先或旋转优先）。使用 ⌃ ⌄ 及 ⏎ 键可完成输入。当选择 X 放大率与 Y 放大率不相同时，而同时又带有旋转角度的情况下，放大优先与旋转优先能分别绣出不同的效果。

（4）按 ⌗ 键，可退出该操作。

（5）再次按 ⌗ 键，可退出"辅助管理"操作。

2.3.6.2　定位空走

请参见《正常绣作与空走》相关说明。

2.3.6.3　花样周边

操作：

（1）按 ⌨ 键，出现辅助管理菜单。

（2）移动光标到"花样周边操作"项，按 ⏎ 键。

（3）依照提示，使用 ⌃ ⌄ 键及 ⏎ 键，可完成下列操作，如图 2-33 所示。

①查花样边框范围。在选好花样后，绣作开始之前，查看该花样的周边范围（屏幕显示该花样周边数据，即对应花样起点到最大轮廓处的四个坐标值）。

②沿花样边框线走绣框。在选好花样后，绣作开始之前，执行该项操作绣框可以沿花样周边路径行走一周，以检验是否越限。

图 2-33　花样周边操作

　　③把花样边框线生成一个花样。在选好花样后，绣作开始之前，执行该项操作，可产生一个当前花样的周边花样，周边花样可单独刺绣。

　　如果绣作这个周边花样就可以得到该花样的开位线。在这个周边花样还带有一个中心"+"字线，如果该中心"+"字线长度不够，可用"99"号花样进行补充刺绣，"99"号花样是机器预留的一个横向直线花样。这样该操作即可特别方便地进行开位操作。

　　④移框生成开位线并刺绣。该功能的操作方法是：首先从当前位置移动绣框沿欲设定花样的路径前进，在拐点处按 [ENTER] 键确认直线轨迹；然后重复移动绣框到其他位置，并按 [ENTER] 键完成多条直线轨迹；如果完成输入您想要的所有直线轨迹，按 [ESC] 键可退到主画面；最后，可直接拉杆刺绣，机器将逆向沿原直线路经绣作返回到原来的当前位置，并自动回到机器的"准备模式"。

　　⑤在当前位置绣十字绣。该功能的操作方法是：输入"+"字线的长度（单位：mm），系统自动回到主画面。用户可直接拉杆刺绣，机器将在当前位置绣作一个"+"字，并自动回到机器的"准备模式"。

　　⑥从移框的终点到起点刺绣一条直线。该功能的操作方法是：首先输入 X 方向的长度（单位：mm，正数将沿 X 正方向绣作一条直线，负数将沿 X 负方向绣作一条直线）；然后输入 Y 方向的长度（单位为毫米，正数将沿 Y 正方向绣作一条直线，负数将沿 Y 负方向绣作一条直线），系统自动回到主画面；用户可直接拉杆刺绣，机器将在当前位置绣作一个直角线，并自动回到机器的"准备模式"。

　　⑦沿当前花样边框绣开位线。该功能的操作方法是：电脑自动生成当前花样的方形边框，并回到主画面；用户可直接拉杆刺绣，机器将在当前位置绣作方形边框线，并自动回到机器的"准备模式"。

　　⑧沿当前花样真实轮廓绣开位线。该功能的操作方法是：电脑自动生成当前花样的近似实际轮廓，并回到主画面；用户可直接拉杆刺绣，机器将在当前位置绣作花样的轮廓

线，并自动回到机器的"准备模式"。

（4）按 🔘 键或 🔲 键，可退出该操作。

（5）再次按 🔘 键或 🔲 键，可退出"辅助管理"操作。

2.3.6.4 另外起点设置（在刺绣确认状态下）

另外起点可以是在花样起点外的任意一点，如图 2-34 所示。

当用户需要进行刺绣时，首先进行"刺绣确认"，则系统自动清除上一次设置的另外起点。因此，另外起点的正确使用方法如下：

图 2-34 花样起点

a—另外起点 *b*—花样起点

（1）选定刺绣花样，并进行"刺绣确认"。

（2）用 ⟨⟨⟩⟩ ⌃ ⌄ 等移框键，把绣框移到花样起点。

（3）按 🔘 键，出现辅助管理菜单。

（4）移动光标到"另外起点设置"项，按 🔲 键，如图 2-35 所示。

<!-- 图 2-35 辅助管理 界面 -->

辅助管理 4/39

①设定放大、旋转及反复　⑪生成高速花样
②定位空走　⑫从组合花样生成基本花样
③花样周边操作　⑬从刺绣参数生成基本花样
④另外起点设置　⑭移框生成花样
⑤断电框保护设置/设置绣框原点　⑮花样增加贴布绣功能
⑥断电框保护恢复　⑯普通花样产生轮廓花样
⑦设定机器参数　⑰设置是否所有机头补绣
⑧内存花样平包针补偿　⑱禁止花样输出
⑨显示语言　⑲刺绣范围的软件设置
⑩设置循环绣开关　⑳选择花样显示颜色

选择菜单　进入　退出　其它页

图 2-35 辅助管理

（5）按系统提示使用 ⟨⟨⟩⟩ ⌃ ⌄ 等移框键，把绣框移到所需的另外起点。

（6）按 🔲 键确认。

（7）拉杆开始进行刺绣时，绣框首先自动从另外起始点移至花样起绣点，然后开始正常刺绣。此外，另外起始点的设置是贴布绣时自动出框的基准。

2.3.6.5 断电框保护设置/设置绣框原点（即绣框原点记忆）

（1）按 🔘 键，进入辅助管理操作界面。

（2）移动光标至"断电框保护设置/设置绣框原点"项，按 🔲 键，如图 2-36 所示。

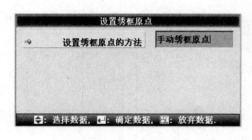

图 2-36　设置绣框原点

（3）如果机器有"绣框刺绣范围的软件设置"项，则此时会出现一个弹窗警告"将解除刺绣范围的软件设置"，按 [ENTER] 键继续。

（4）按 ∧ 、∨ 键选择是手动绣框原点，还是自动绣框原点。

（5）按 [ENTER] 键确认，按 键可以返回。

在设置手动绣框原点之前，首先使用面板上的移框键将绣框移动到希望确定的原点位置，然后按手动绣框原点按键，系统将自动记忆当前绣框位置为原点。在绣作中出现故障而紧急停车时或在绣作中突然掉电等非正常情况出现时，为避免"手动绣框原点"的不准确，而给刺绣造成失误，机器会解除"手动绣框原点"的记忆。在机器断电时移动过绣框或对机器进行维修，再次连电时，应该重新进行"手动绣框原点"的设置。

如果希望系统自动设置绣框原点，那么按自动绣框原点按键，系统将自动移框，根据限位开关来确定绣框的原点，因此使用自动绣框原点时系统必须安装有效的限位开关。

2.3.6.6　断电框保护恢复

断电后若绣框被移动过，再连电时，可使用该操作恢复断电前的绣框位置。该操作是否有效则是以断电框保护设置/设置绣框原点（即自动绣框原点记忆的操作）为前提的。另外，刺绣过程中断电后，若绣框没有被移动过，再连电后，直接拉操作杆可以继续刺绣。

如果进行"手动绣框原点记忆的操作"，则此操作无效。即在"辅助管理"菜单中的"断电框保护恢复"项前的符号为"⑥"，则表示为自动设置；若为"⊗"则为手动设置。

操作：

（1）把主轴摇到 100°停车位置。

（2）按 键，出现辅助管理菜单，如图 2-37 所示。

图 2-37　辅助管理

（3）移动光标到"断电后框恢复"项，按 ⏎ 键。

（4）依照提示操作，即可完成绣框位置的恢复。

（5）完成上述操作后，自动返回原工作状态。

2.3.6.7　设定机器参数

注：机器参数设置中有金片绣功能的机器见金片绣相关操作。

操作：

（1）在"刺绣准备"模式下按 👆 键，出现辅助管理菜单。

（2）移动光标到"设定机器参数"项，按 ⏎ 键，进入机器参数的管理操作界面，如图 2-38 所示。

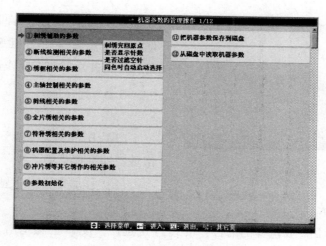

图 2-38　机器参数的管理操作

（3）使用 ⋀ ⋁ 数字键及 ⏎ 键，可进入各项机器参数，依照提示，完成各参数的设置。不同机型的参数会有所不同。

（4）按 👆 键或 ⊞ 键，可退出"设定机器参数"的操作。

（5）按 👆 键或 ⊞ 键，可退出"辅助管理"的操作。

2.3.6.8　内存花样平包针补偿

该操作可对花样中平包针针迹的宽度进行微调，以达到需要的效果。

操作（在"刺绣准备"模式下）：

（1）按 👆 键，进入辅助管理操作界面。

（2）移动光标至"内存花样平包针补偿"，按" ⏎ "键，如图 2-39 所示。

（3）在内存花样管理界面的内存花样

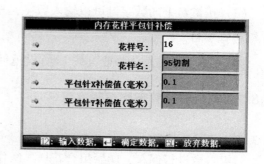

图 2-39　内存花样平包针补偿

图标区，选择要操作的花样。

图 2-40 显示语言

键，如图 2-40 所示。

（3）移动光标到想要选择的语言，按 键选择，按 键退出。

2.3.6.10 设置系统的时钟

该操作可以修改设置系统的时钟。

操作：

（1）按 键，出现辅助管理菜单。

（2）按 翻页键进入该操作页，移动光标至"设置系统的时钟"，按 键，进入如图 2-41 所示的操作界面。

（3）按键盘上的数字键可以输入数字，按 键选择要输入的数字，按 键选择项目。

（4）按 键确认修改，按 键返回，不保存所做修改。

2.3.7 内存花样管理和编辑方法

2.3.7.1 组合花样

对组参数进行保存，叫做组合花样。绣作组合花样时是按设定将内存花样进行自动连续刺绣。在内存花样管理界面中显示花样图标为 的花样为组合花样。要刺绣组合花

（4）按 键，进入平包针宽度调整操作界面。

（5）如果不使用系统提供的缺省值，按 键进入由键盘输入修改。

（6）输入"平包针 X（Y）补偿值"（范围为 -0.2 ~ +0.3mm），按 键确认。需要增加宽度按"+"键；需要降低宽度按"-"键。

（7）按 键进行平包针宽度调整操作，并存为新花样后返回花样操作选择界面。按 键或 键放弃平包针宽度调整操作，并返回花样操作选择界面。

2.3.6.9 显示语言

操作：

（1）在"刺绣准备"模式下按 键，出现辅助管理菜单。

（2）移动光标到"显示语言"，按 键，

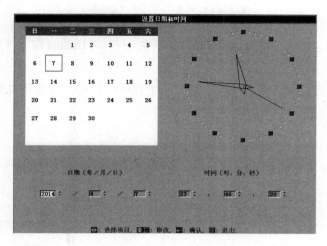

图 2-41　设置日期和时间

样，可在编辑生成组合花样后，返回内存花样管理界面，如果此时已在"刺绣准备"状态，则选中要绣作的组合花样，系统自动返回主画面，之后进行刺绣确认方可拉杆刺绣。也可以用编译组合花样功能将组合花样编译为普通花样，进行查看和绣作。

操作：

（1）按 🏠 键，进入"花样管理"操作。

（2）移动光标到"组合花样编辑"项，按 ⏎ 键，进入组合花样编辑界面，如图 2-42 所示。

图 2-42　组合花样编辑（一）

（3）如果要编辑已存储的组合花样，则选择该组合花样；如果要创建一个组合花样，可直接进行下面的操作。序列号显示当前组合花样共由几个花样组成，正在操作设置的是第几个花样。

（4）设定第一个花样的各参数，包括花样号、缩放倍率，旋转角度，图案方向以、优先方式及换色顺序。

（5）按 键，可以设定多个要组合的花样，同时可以通过按 键返回修改各组合的花样参数。

当正在操作的花样不是组合花样中的第一个花样时，需要设置该花样相对于第一花样的间距，如图 2-43 所示。

图 2-43　组合花样编辑（二）

（6）按 键进行保存组合花样操作。

（7）输入花样号及花样名称，按 键保存并返回花样操作选择界面。按 键放弃保存组合花样操作，并返回花样操作选择界面，如图 2-44 所示。

2.3.7.2　总清花样

该操作清除内存中所有花样，必须小心使用。

操作：

（1）按 键，进入"花样管理"操作。

（2）移动光标到"总清花样"项，按 键，进入内存花样总清操作界面，如图 2-45 所示。

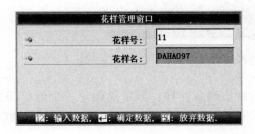

图 2-44　花样管理窗口

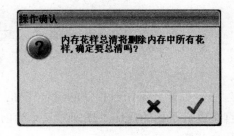

图 2-45　花样总清

（3）屏幕提示是否总清花样，选择 ✓ ，按 [ENTER] 键，内存中花样全部清除。如选择 ✗ ，按 [口] 键，则返回花样管理菜单。

2.3.7.3　内存花样输出到磁盘

将内存花样以二进制格式存于磁盘（优盘），该功能配合 "磁盘花样输入到内存" 的使用，可完成把一张磁盘（优盘）的花样复制到另一张磁盘（优盘）的操作。

操作：

（1）插入磁盘，按 [○] 键，进入磁盘管理界面。

（2）移动光标到 "内存花样输出到磁盘（二进制）" 项，然后按 [ENTER] 键，如图 2-46 所示。

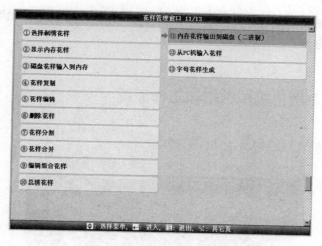

图 2-46　内存花样输出到磁盘

（3）选择内存花样后，按 [ENTER] 键。

（4）按数字键输入磁盘花样名称后，按 [ENTER] 键开始存盘。存盘结束后，将返回磁盘操作画面。（注意：一旦开始往磁盘中写入，就不能再中途停止）。

（5）按 [口] 键，可退出磁盘操作。

第3章

平绣电脑刺绣机

电脑控制系统依据机械结构功能划分为五个子系统分别控制相应机械的动作，它们在主控制器的有机协调下，完成整个刺绣工作。分别为：主轴运转系统、绣框驱动系统、换色系统、剪线系统及断线检测系统。

本章分别从机械和电控方面介绍这五个子系统，并列出主要电控参数及其功能以及一些常见故障的处理方法。

3.1 平绣电脑刺绣机机械结构和工作原理

图 3-1 是整机的机械结构及各部件的名称。

（a）实物图

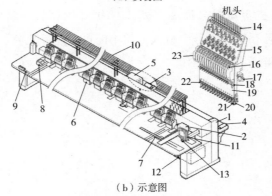

（b）示意图

图 3-1 刺绣机机械结构

1—机架 2—换色箱 3—Y向电动机 4—X向电动机 5—主轴电动机 6—机头 7—绣框 8—剪线箱
9—拉杆开关 10—导线夹 11—操作箱 12—电控箱 13—急停开关 14—保护管 15—过线器 16—挑线管
17—换色直线导轨 18—中过线张力调整 19—针杆箱 20—压脚 21—机针 22—面线夹持装置 23—挑线杆防护盖

3.1.1　主轴驱动机械结构和工作原理

　　主轴驱动机械结构由主轴电动机、编码器、皮带、链条、上轴、下轴组成，完成绣针的动作、电动机停车位置等操作。

　　主轴电动机是绣花机工作的主要动力来源。主轴电动机通过皮带轮将动力传递给上轴（传动比为 1∶2），详见图 3-2。

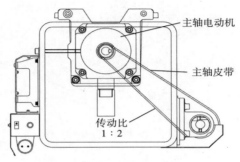

图 3-2　主轴机械结构

　　上轴与下轴之间传动比为 1∶1，中间增加张紧轮，以保证上、下轴之间完全同步，详见图 3-3。

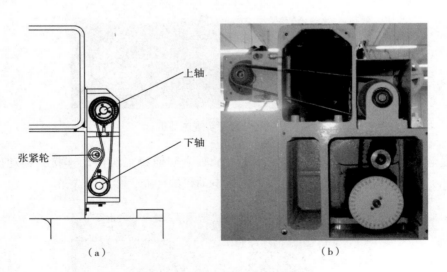

（a）　　　　　　　　　　　　　　　　（b）

图 3-3　主轴上、下轴机械结构

　　主轴运转系统主要完成主传动系统的调速控制，它的机械传递关系是这样的：

主轴电动机 ⟶ 上、下轴的动力传递 ⟨ 下轴 ⟶ 梭床 ⟶ 梭芯
　　　　　　　　　　　　　　　　　 上轴 ⟶ 机头驱动机构 ⟶ 针杆驱动滑块 ⟶ 针杆
　　　　　　　　　　　　　↓
挑线凸轮 ⟶ 挑线杆 ⟶ 压脚

3.1.2 框架驱动机械结构和工作原理

　　框架是由 X 及 Y 驱动电动机带动，根据花样上每一个针迹的要求，往指定坐标作定向移动，参见图 3-4。

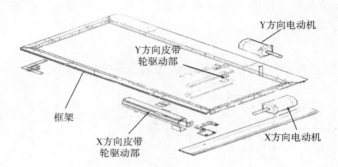

图 3-4　框架机械结构

　　框架驱动方式分步进电动机驱动和伺服电动机驱动两种。步进电动机驱动方式：电动机与 X 轴、Y 轴直连，参见图 3-5。

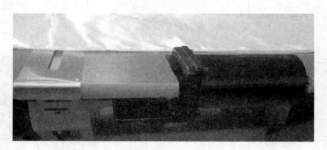

图 3-5　框架步进电动机

　　伺服电动机驱动方式：电动机与 X 轴、Y 轴之间通过二级传动连接，传动比一般为 1∶4 或 1∶5，这种连接方式可充分发挥伺服电动机的性能，参见图 3-6。

图 3-6　框架伺服电动机

3.1.3　机头控制和断线检测机械结构和工作原理

3.1.3.1　机头凸轮机构

主轴单方向连续运转，通过机头凸轮机构带动针杆作上下往复运动，参见图 3-7。

（a）

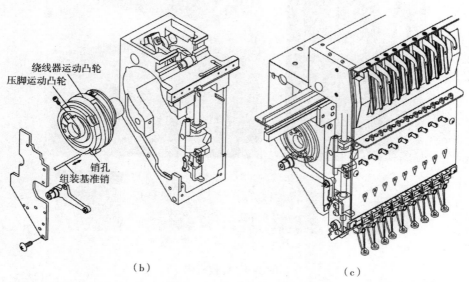

绕线器运动凸轮
压脚运动凸轮

销孔
组装基准销

（b）　　　　　　　　　　　　　（c）

图 3-7　机头凸轮机构

3.1.3.2　凸轮挑线机构

用于在绣作过程中，随针杆的上下运动，收线或送线，参见图 3-8。由于针杆运动是一个往复动作，当针杆下降时会把面线从线轴拉出，当针杆往上升时，被拉出之面线无法重新绕回线轴上，所以挑线杆会随着针杆一起上升，让面线保持均衡的张力，不会因针杆升降而出现重大变化。

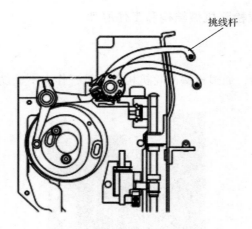

图 3-8　凸轮挑线机构

3.1.3.3　旋梭机构

旋梭机构用于刺绣中与机针配合钩取线环实现锁式针迹，参见图 3-9。

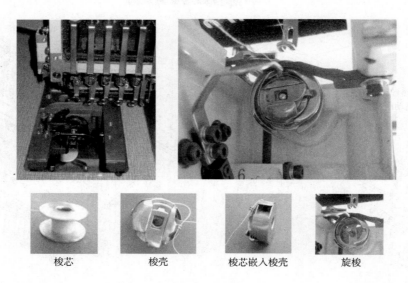

梭芯　　　　　梭壳　　　　梭芯嵌入梭壳　　　　旋梭

图 3-9　旋梭机构

绣花机在工作过程中，梭壳是始终不转的，只有旋梭在转。

3.1.3.4　旋梭机构的工作原理

当针带着面线从下死点往上升的时候，由于面线因布的阻力而未能完全跟随针同步上升，因而在布底形成一个线环，让旋梭尖能勾进线环，把面线带进旋梭，与底线结合，完成一个针迹，参见图 3-10。

针在 110°开始下降并刺进布料，参见图 3-11。

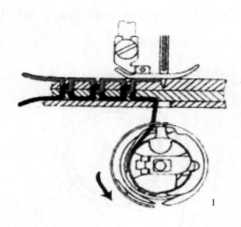

图 3-10 旋梭工作过程（一）

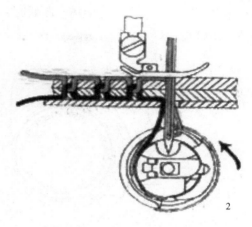

图 3-11 旋梭工作过程（二）

当针到达下死点后针开始往上升，但面线因布料的阻力而未能与针杆同步往上，因而在布底形成一个线环，参见图 3-12。

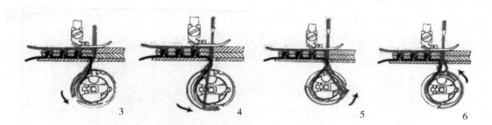

图 3-12 旋梭工作过程（三）

梭尖扣进线环并把面线带到旋梭内，与底线锁上，完成一个锁针动作。

3.1.3.5 断线检测机构

断线检测机构主要分为三种，参见图 3-13。

（a）纯簧式

（b）轮簧混合式

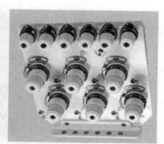

（c）纯轮式

图 3-13 断线检测机构

（1）断线检测机构工作原理（簧式）。断线检测的工作原理参见图 3-14。绣作时，线张力使挑线簧与挡片隔开一段距离。断线时，线张力消失，挑线簧与挡片接触，电气上形成通路，断线指示灯点亮。

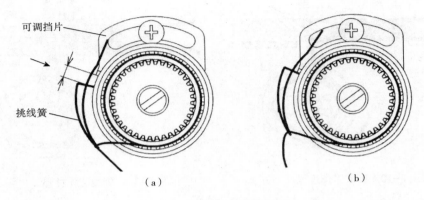

图 3-14　断线检测工作原理

（2）断线检测机构工作原理（轮式）。面线带着绕线轮转动，与绕线轮同步联动的斩光轮的转动使光耦产生脉冲输出，通过电路处理实现断线检测。

正常刺绣时，绕线轮转动较快，光耦产生的连续脉冲较多；没底线时斩光轮转速下降，连续脉冲数减少；断线时斩光轮停转，连续脉冲数极少，参见图 3-15。

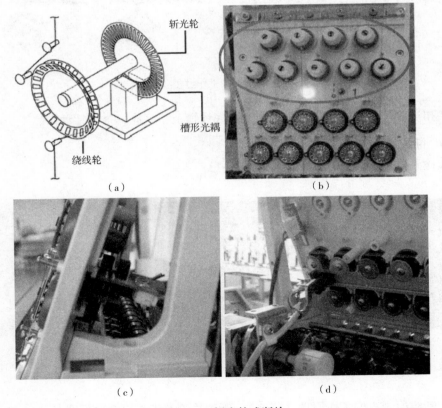

图 3-15　斩光轮式断检

3.1.3.6 面线张力器

面线张力器主要是为面线提供张力，避免因机器速度或惯性作用，拉出过量的面线。

3.1.3.7 压脚

主轴旋转一周中，在绣针插入布料前压脚将布料压住，让绣针插入布料的准确位置，直至绣针从布料拔出后压脚才会离开布料，因此压脚的主要作用是保持布料稳定，让绣针及其相关运动部件完成各项动作，参见图3-16。

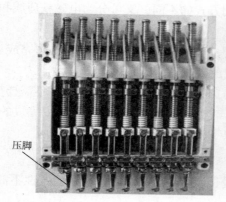

压脚

图 3-16　压脚

3.1.3.8 针杆机构的运动原理

主轴旋转时，带动与其紧固的机头凸轮转动，再通过连杆和滑块带动针杆作上下垂直往返运动，将挑线杆所供应的面线带到旋梭机构，通过梭床让底线在布底下和面线交织，再配合框架移动完成一个针迹。

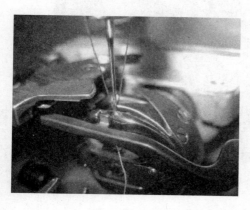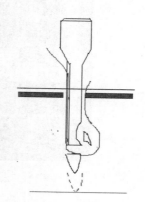

图 3-17　针杆机构的运动原理

3.1.4 剪线机械结构和工作原理

按照剪线时主轴电动机是否转动分类为静态剪线和动态剪线两类。

（1）静态剪线。静态剪线是主轴先停车，由剪线电动机带动剪线连杆，旋转一周，完成剪线动作。由于是主轴静止状态下完成剪线，因此称为静态剪线，或称为电动机剪线。

电动机剪线的优点是静态剪线剪线过程稳定，噪声低，剪线长度合适，起针收线效果好，绣品质量高的特点。

缺点是由于需要停车后再剪线，感觉比动态剪线慢，效率降低，实际上静态剪线过程在 1s 左右（与剪线电动机的传动比设置有关）。

停车剪线角度分为两种：86°或 100°剪线。

（2）动态剪线。动态剪线根据剪刀驱动方式的不同，又可分为电磁铁剪线和步进电动机剪线。

电磁铁剪线是将剪线连杆和剪线凸轮相连接，从而主轴带动剪线机构完成剪线动作。由于剪线动作是在主轴转动的最后一圈完成的因此称为动态剪线。

步进电动机剪线与电磁铁相似，但其剪刀是由步进电动机驱动的，不需要剪线凸轮，剪刀根据主轴的转动角度进行开刀、合刀，其也是在主轴转动的最后一圈完成的。

按剪线执行机构的不同具体可以分为以下四种。

3.1.4.1　电磁铁剪线（动态）

传统的剪线方式，应用最为广泛，剪线长度可控，噪声大，剪线稳定性不高，剪线效果受主轴转速影响大。

电磁铁剪线机构由剪线电磁铁、剪线凸轮、连杆和剪线刀组成。剪线凸轮是一种回转体凸轮，凸轮将旋转运动转变为比较短的直线往复运动。凸轮曲线决定了开刀、合刀运动的速度和位移大小，参见图 3-18。

图 3-18　电磁铁剪线

3.1.4.2　交流电动机剪线（静态）

此种剪线方式厂家应用逐渐增加，噪声低，剪线效果稳定，不受主轴转速影响，成本几乎和电磁铁剪线相同，特别适合 20 头以上的平绣机采用。

静态剪线的机械安装参见图 3-19。

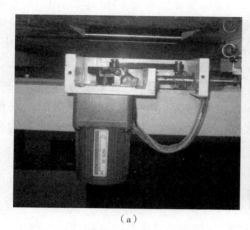

（a） （b）

图 3-19 交流电动机静态剪线

（1）交流电动机静态剪线原理 。此方式机构和电磁铁剪线方式不同，是使用单相交流电动机驱动剪线连杆，旋转一周完成一次开刀合刀动作，即完成一次剪线，参见图3-20。

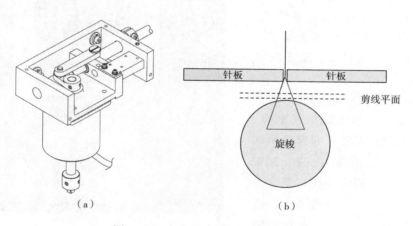

（a） （b）

图 3-20 交流电动机静态剪线原理

静态剪线的停车位置在 100°（86°），面线和底线的状态和动态剪线时剪线时的分线状态不一样，两根面线是在一个平面上 。

如果使用传统的剪线机构，剪刀一下子把两根面线都剪断了，同时面线在停车后被扣线装置扣住，挑线杆已经把面线拉紧，剪断后拉力释放，从而表现为面线一下子弹了出来。

通过减小剪刀的行程，改变剪刀开刀角度，增大扣线叉子的宽度，使停车时两根面线和扣线叉子成等边三角形的形状，最有利于剪线，动刀不像动态剪线中在开刀时起分线的作用，而是不会再碰到连接挑线杆的那条面线（右边），回刀时直接进入等边三角形中，剪断和扣线保持器连接的那根面线（左边）和底线，实现了正常的剪线动作。

图 3-21　剪线电动机选型

（2）静态剪线电动机选型。剪线电动机一般选用齿轮减速的单相交流可逆电动机。剪线电动机选型的指标主要有：功率、频率、速比、电压和电容，参见图 3-21。

①功率：该参数决定电动机能够提供多大额定输出转矩。厂家需要根据绣花机大小，头数的多少来决定选取电动机的功率。笔者建议：

10 头以下的电动机选取功率 20W 的电动机。

10~18 头的电动机选取功率 30W 的电动机。

19～30 头以上选取 40W 的电动机。

31~50 头选用 60W 的电动机。

②电压、频率：选取电压 220V，频率 50/60Hz 的电动机。

③速比：速比直接影响剪线的速度和电动机力矩。速比越大电动机转速越低，所能拖动的负载力矩越大。因此厂家选取速比时要权衡速度和力矩。我们建议厂家选取 1：12.5 的电动机。

④电容：为了保证电动机正常工作，需要在电动机线圈端串联电容。不同功率的电动机需要不同容量的电容，20W 的电动机需要 1.5μF，30W 需要 3.5μF，40W 需要 4μF。当电容容量达不到要求时，电动机输出转矩将达不到额定值，出现启动无力，堵转减不断线的问题。

注意：一般的电动机驱动板上会提供一个电容，使用时需要注意是否还需要增加电容，如果需要增加相应容量的电容，并联在电路板上或并联在电动机线上并固定在机架上。

（a）

（b）

图 3-22　步进电动机（代替电磁铁）剪线

3.1.4.3　42 步进电动机代替电磁铁方式剪线（动态）

噪声低，成本低于电磁铁剪线，剪线效果受主轴转速影响大。

也有厂家使用小步进电动机代替电磁铁剪线，参见图 3-22。

3.1.4.4 步进电动机剪线（动态）

噪声低，电脑可控性强，效率高，不受主轴转速影响，剪线效果好，但成本较高。

步进电动机剪线结构类似于交流电动机剪线。步进电动机剪线方式是通过步进电动机直接驱动剪刀连杆，在剪线时配合主轴的角度完成剪线动作，参见图3-23。它是一种动态剪线方式，效率更高。

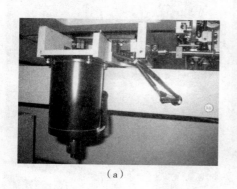
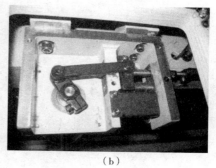

（a）　　　　　　　　　　　　（b）

图3-23 步进电动机剪线

（1）剪刀动作。旋转运动，实现分线与剪线，参见图3-24。

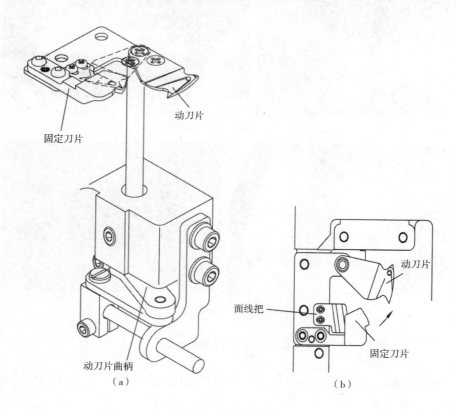

动刀片

固定刀片

动刀片曲柄

（a）

动刀片

面线把

固定刀片

（b）

图3-24 剪刀动作

另外，剪线动作还需要勾线和扣线机构配合。

（2）勾线机构。参见图3-25，勾线机构可以分为三种：
交流电动机勾线（集中勾线）、步进电动机勾线（分头勾线）和电磁铁勾线（分头勾线）。

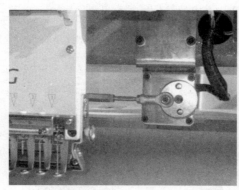

（a）交流电动机勾线(集中勾线)

（b）步进电动机勾线（分头勾线）

（c）电磁铁勾线（分头勾线）

图3-25　勾线机构分类

（3）扣线机构。参见图3-26，扣线都是使用电磁铁驱动的，有70V电磁铁（绝大多数）和24V电磁铁两种方式。

扣线电磁铁

图 3-26 扣线机构

3.1.5 换色机械结构和工作原理

换色机构从机械上可分为凸轮换色和丝杠换色两种，参见图 3-27 和图 3-28。

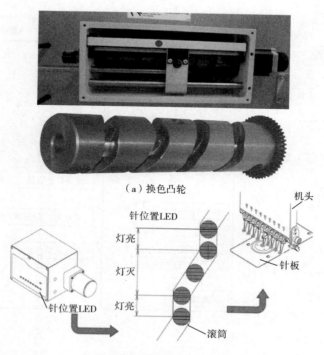

（a）换色凸轮

针位置LED

灯亮

灯灭

灯亮

针位置LED

机头

针板

滚筒

（b）换色凸轮曲线与LED关系

图 3-27 凸轮换色

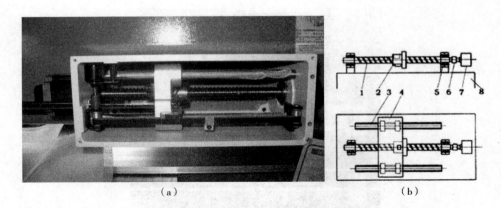

图 3-28　采用丝杠传动方式的换色箱

换色系统在结构上由换色电动机、换色箱和针杆箱（刺布机构）三部分组成。

3.1.6　部件配合机理

绣作过程中，刺绣机需要各部件进行配合，才能完成图案的刺绣。

主轴在一周运转中各主要部件动作同步时间流程参见图 3-29。此图各相关角度是在机器的标准状态下测量所得。

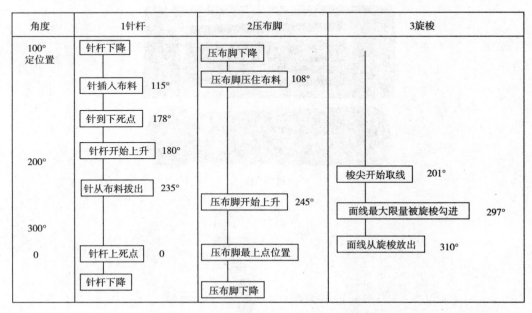

角度	1针杆		2压布脚		3旋梭	
100° 定位置	针杆下降		压布脚下降			
	针插入布料	115°	压布脚压住布料	108°		
	针到下死点	178°				
200°	针杆开始上升	180°				
					梭尖开始取线	201°
	针从布料拔出	235°	压布脚开始上升	245°	面线最大限量被旋梭勾进	297°
300°					面线从旋梭放出	310°
0	针杆上死点	0	压布脚最上点位置			
	针杆下降		压布脚下降			

（a）

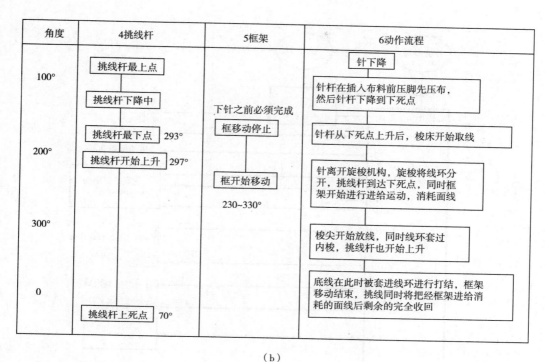

（b）

图 3-29　部件配合机理

经细分各机构的工作原理和作用后，我们可以把绣花机的整个工作原理总结如下：

先用打板软件设计花样，通过媒介把刺绣花样数据传输至绣花机上，在程序控制下，机器电脑将花样坐标值换成电信号，通过步进/伺服电动机控制框架移动，为框架实现进给运动；同时利用伺服电动机带动连接在主轴上的机头运转，为挑线杆、针杆及压脚提供上下往返动作，让针带动受面线张力器控制的面线穿过布料，与旋梭机构结合，完成锁针动作，然后框架再次移动，把下一个下针位带到针下，完成一个由花样控制长度和方向的针迹，同时亦为下一个锁针做好准备，通过不断重复上述动作，完成一个又一个刺绣图案。

3.2　平绣电脑刺绣机电控结构和工作原理

刺绣机的控制系统框图（以大豪 BECS-528 电控为例）参见图 3-30。

3.2.1　主轴系统

3.2.1.1　主轴系统控制原理

电控系统通过控制主轴电动机的传动和对其传动情况的检测（光电编码器）来实现对主传动系统的闭环控制，详见图 3-31。

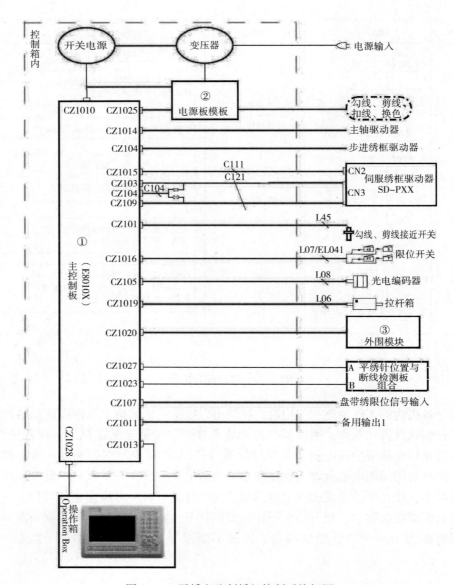

图 3-30　平绣电脑刺绣机控制系统框图

（1）主要作用。光电编码器（图 3-32）是电脑刺绣机控制系统的基准，其主要作用有以下四点：

指示主轴的机械位置，主轴转速的反馈，正、反转的判断和指示停车和机械部件动作的位置（角度）。

它的失效将直接导致电脑刺绣机工作能力的丧失。

（2）对主轴运转系统的要求。主轴运转系统是电脑刺绣机的基础部分，它的一个运行周期完成在织物上形成一个锁式针迹（对锁式刺绣机而言）。因此要求主轴运转系统：运转平稳、调速灵敏、定位准确和转矩裕量充分。

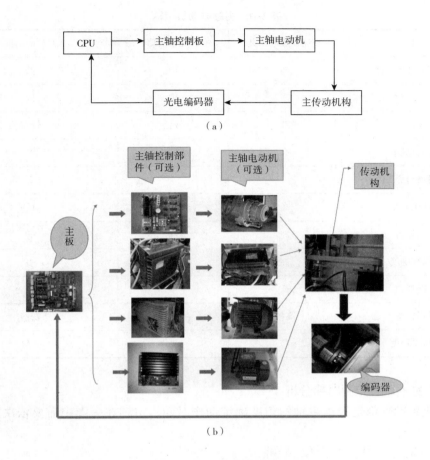

图 3-31　主轴控制系统

图 3-32　光电编码器

（3）主轴运转方式的选择。主轴电动机是实现上述四点要求的主要部件，也是主轴运转系统的主动力源。通常人们可针对不同档次的机器，选择下面三种主轴方式：滑差电动机控制（基本被淘汰）、交流伺服电动机控制及交流电动机变频调速控制。

它们三者之间的指标比较见表 3-1。

表 3-1　主轴电动机指标

项目	交流伺服电动机	交流异步电动机	滑差电动机
控制器的技术难度	高	中	低
控制器成本	高	中	低
噪声	低	较低	较高
电动机成本	高	低	中
发展趋势	→	↑	↓
电动机寿命	高	高	低
输出转矩	高	高	低
停车准确度	高	低	中
能耗	低	中	高
适用机型	高档	中、低档	低档
运转平稳度	高	高	一般

3.2.1.2　主轴系统控制时序分析

刺绣机各部件都是根据主轴的角度确定动作时间。主轴在一圈中需要依次进行以下操作：

（1）主轴 100°时，产生零位脉冲。

（2）设置绣作的速度，框架运行轨迹，断检角度等。

（3）主轴回到 100°。

主轴相关操作时序图例参见图 3-33。

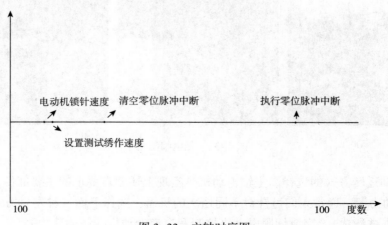

图 3-33　主轴时序图

3.2.2　框架系统

3.2.2.1　框架系统控制原理

　　绣框驱动系统是控制系统通过步进驱动器（伺服驱动器）驱动步进电动机（伺服电动机）及相连的绣框传动机构带动绣框运动。这是一个开环的控制，参见图 3-34。

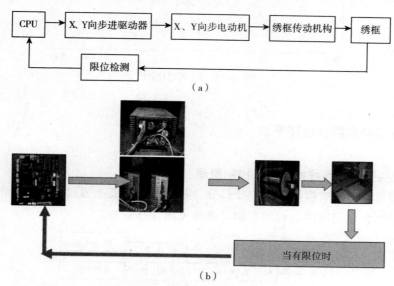

（a）

（b）

图 3-34　框架控制系统

　　绣框在工作中的移动轨迹就是一幅完整的刺绣图案。因此，从控制系统的角度来说，绣框驱动是对刺绣产品质量影响最大的一个因素。同时又因其控制方式多，各种电气参数影响大及与机械结构联系紧密，因而对设计者来说更具挑战性。

　　绣框运动是通过步进（伺服）驱动器来控制步进（伺服）电动机转动来实现的。正常刺绣时，绣框电动机要在几十毫秒的范围克服负载转矩和负载惯量，完成一个移框过程。框架的控制一般包括五相步进电动机（基本已被淘汰），三相步进电动机和伺服电动机，由于交流伺服电动机系统精度高、定位准、运转平稳，适宜绣框的控制，逐渐被市场所接受。但其成本相对较高，且需与电脑控制很好的配合（调整参数），才能充分发挥它的优势。

3.2.2.2　框架系统控制时序分析

　　框架在一圈中依次进行以下操作：

　　（1）设定绣框驱动器大电流或小电流。

　　（2）根据设定的动框角度（230°~280°）开始动框。

　　（3）根据动框曲线完成动作，绣框停止。

　　框架相关操作时序图例参见图 3-35。

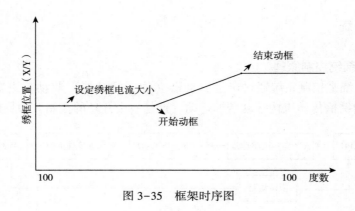

图 3-35　框架时序图

3.2.3　机头控制和断线检测系统

3.2.3.1　机头控制和断线检测系统控制原理

　　断线检测机构是过线机构中的主要部分。断线检测功能是通过电气的断线检测板和断线检测机构的结合来完成的。它的控制关系参见图 3-36。

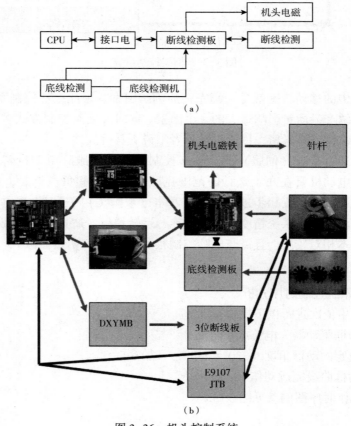

图 3-36　机头控制系统

3.2.3.2　机头控制和断线检测系统控制时序分析

机头在一圈中依次进行以下操作：

（1）根据主控发来的数据，判断是正绣或补绣以及平针还是跳针，决定是否打出机头电磁铁。机头电磁铁打出，就不再落针。

（2）主控使能断线检测。

（3）机头进行断线检测，并将断线信息发送给主控。

机头相关操作时序图例参见图 3-37。

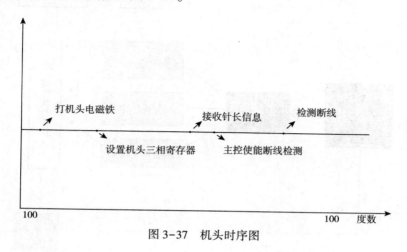

图 3-37　机头时序图

3.2.4　剪线功能系统

3.2.4.1　剪线系统控制原理

剪线系统分为三部分：

（1）剪线机构：由剪线电磁铁、剪线凸轮、连杆、剪线（动）刀组成。

（2）勾线机构：由勾线电磁铁（或勾线电动机）、面线勾、夹线器组成。

（3）扣线（保持器）机构：由保持器电磁铁、保持器机构（梭床上）组成。

它们控制关系的实现参见图 3-38。

剪线机构从机械设计到电器控制并不复杂。如图 3-38 所示，从控制角度，电控控制三个电磁铁或电动机动作和相应的动作时机。

剪线电磁铁动作：将滑块顶入剪线凸轮，将剪线连杆机构并入主轴传动系统，主轴电动机带动凸轮，按照剪线凸轮的曲线设计，控制剪线连杆带动剪刀打开、关闭，进行剪线动作。

扣线电磁铁动作：则通过调整其动作的开始和结束时间来决定剪线后留出面线的长短。

勾线电磁铁动作：控制勾线机构伸出和收回，剪线完成后将面线从绣品中带出，并保持在夹线器中。

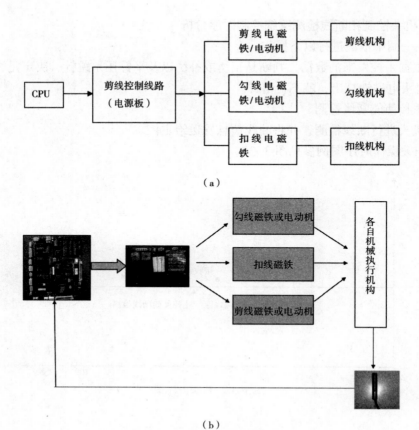

图 3-38　剪线控制系统

3.2.4.2　剪线系统控制时序分析

（1）静态剪线的不同停车剪线角度分为两种：86°和100°。目前推荐使用100°剪线。

（2）根据动态剪线的剪线过程，分析一下主轴的动作顺序。

①主轴100°时，产生零位脉冲，主控发扣线信号、剪线信号，此时扣线叉子扣上，剪线滑块进入剪线凸轮，之后的剪线动作完全由机械来完成。

②针入布，压脚保持最低位置。

③针到达下死点。

④梭尖开始分线。

⑤针出布，压脚随针上升。

⑥ 挑线杆到达下死点。

⑦ 挑线杆开始收线。

⑧剪刀开始打开。

⑨梭尾扫线，梭架将面线彻底分为前后两段。

⑩剪刀分线，此时绕在旋梭上的面线脱离旋梭。同一角度下挑线杆开始加速收线（收线由慢转快）。

⑪剪刀张开最大，根据剪线长度决定是否为松扣线角度，此时松扣线电控上控制的剪

线长度最短。

⑫针到达上死点，压脚也到达上死点。

⑬压脚（针开始下落）。

⑭剪刀开始闭合。

⑮挑线杆到达最高点并保持此位置。

⑯最大剪线长度时松扣线角度，此时松扣线电控上控制的剪线长度最长；此时剪刀剪断线。

剪线相关动作时序图例参见图3-39。

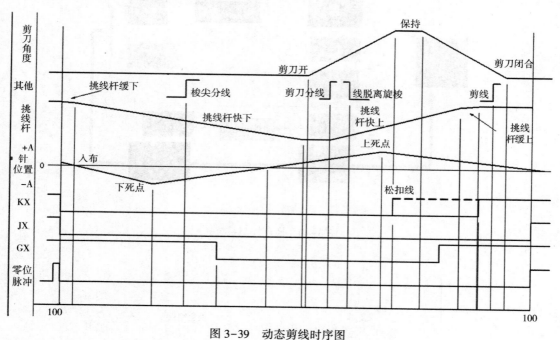

图3-39 动态剪线时序图

3.2.5 换色系统

3.2.5.1 换色系统控制原理

电控系统通过控制换色电动机转动和针位置的检测来实现换色功能，参见图3-40。

换色系统要求换色迅速，定位准确，根据不同机型、不同机械结构，换色系统可采用不同的控制方式，交流电动机的换色控制应用于普通型刺绣机，步进电动机的换色控制多用于单头机，步进闭环换色控制可以应用于多头机，要求换色速度快的机型。

3.2.5.2 换色系统控制时序分析

换色时，需要等主轴停下来，换色结束，可以继续绣作，参见图3-41。

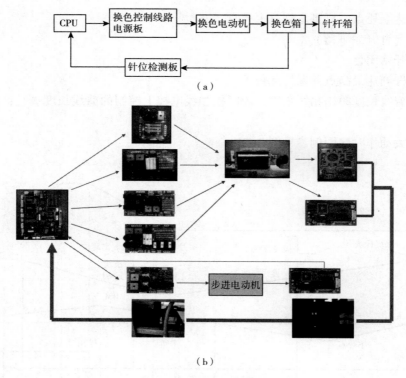

（a）

（b）

图 3-40　换色控制系统

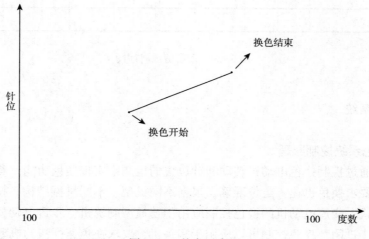

图 3-41　换色时序图

3.3 电控参数及调试方法

3.3.1 通用参数

以大豪 A98 集成一体化电脑为例，参见图 3-42，通用参数参见表 3-2。

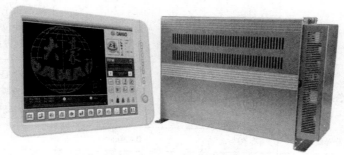

图 3-42　大豪 A98 集成一体化电脑

表 3-2　通用参数

编号	参数名称	常用值	可选值	注释
设定放大、旋转及反复				
A03	图案方向	P	P d b q b P	
A02	旋转角度	0	0~89	控制花样的旋转角度
A01	X—Y 缩放倍率	100/100	50%~200%	控制花样 X—Y 方向的缩放比例
A06	反复顺序	X 优先	X 优先，Y 优先	
A05	反复方式	通常	通常，部分	
A07	X—Y 反复次数	1/1	1~99	
A08	X—Y 反复间距	0.0/0.0	-999.9~+999.9	
A04	优先方式	旋转优先	旋转优先，缩放优先	
刺绣辅助的参数				
B01	刺绣完回原点	是	是，否	
B02	是否进行循环刺绣	否	是，否	绣作结束后是否自动重新开始绣作。配合反复或特殊打板
B04	是否显示针数	是	是，否	

续表

			刺绣辅助的参数	
编号	参数名称	常用值	可选值	注释
C02	是否过滤空针	否	是，否	设为"是"时，电脑会把空针滤除掉，以免机器在原地空落针。如果设为"否"，将不过滤花样中原有的空针
B13	同色时自动启动选择	是	是，否	换色顺序中后一个针位与前一个针位相同时，是否按换色启动方式处理
C04	手动换色是否记忆	否	是，否	设为"是"时，手动换色记入换色顺序中。花样绣作结束，自动变为"否"
D15	贴布绣后慢动针数	0	0~500	
D16	贴布绣后慢动速度	最高转速	80~最高转速	
C03	读花样停车转换色	否	是，否	作用：在读磁盘花样时，将停止码转为换色码，专用于某些国家或地区
B15	绣作前是否显示花样底色	是	是，否	
B18	是否支持花样的三维立体显示	是	是，否	
C78	短针自动过滤的针长	无	无，0.1~0.6mm	适用于全伺服高速机机型需要重新刺绣确认才生效
C80	长针自动跳跃的针长	6.0mm	6.0~12.0mm	同上
			机器配置及维护相关参数	
D01	机型针数	6	1，2，…，15	根据机器情况设置，对于9针机器应设为9，设置值与机器针数不符时，会造成换色不正常
C29	雕孔刺绣的针位	无	无，1~N	N为机型针数
C30	雕孔绣的位移	0	0，12mm	
D17	绳索刺绣的针位	无	无，1、N	N为机型针数
D18	绳索刺绣的限定速度	400	300，310，320，…，600	

续表

机器配置及维护相关参数

编号	参数名称	常用值	可选值	注释
D11	机头电磁铁电压调整值	0	0, 1, 2, …, 30	
D12	步进换色速度	12	0~30	
D43	关背光时间	不关	不关、2min、5min、10min、15min	
C40	是否禁止花样输出	否	是,否	
C41	服务器端口号	1600	1~9999	用于和 PC 联网时,设置服务器的服务端口号
C42	绣花机 MAC 地址	001122334455	001111111111~009999999999	设置绣花机网卡的 MAC 地址。该地址用于唯一标识绣花机,不同的绣花机,此值不能相同
C43	绣花机 IP 地址			设置和 PC 联网时,绣花机的地址。绣花机的地址之间不能重复
C44	服务器 IP 地址			设置和 PC 联网时,服务器的 IP 地址
C45	子网掩码			设置和 PC 机联网时,绣花机 IP 地址的子网掩码
C46	网关地址			设置和 PC 机联网时,绣花机的网关地址
D68	机头个数	20	1~120	
E45	机头间距	162.5	−400.0~−1.0,+1.0~+400.0	
D98	是否允许机头组合绣设置	否	是,否	
D89	绣框可移动范围机头数	3	1~80	

3.3.2 主轴相关参数

主轴相关参数见表 3-3。

表 3-3　主轴相关参数

编号	参数名称	常用值	可选值	注释
C07	最高转速	850	250，300，350，…，1200	
C09	最低转速	400	250，300，350，…，600	
C08	切换针长（mm）	4.0	1.0~10.0（普通机型），3.0~8.0（全伺服高速机）	针长大于此值时，机器降低运转速度
C10	跳跃限速	600	400~750（普通机型），400~1100（全伺服高速机）	设置跳针时的转速
C13	起针转速设置	80	80，90，…，150	
C12	起针时慢动针数	2针	1~9针	起针时慢动几针后加速
D02	起针加速度	15	1，2，3，…，30	加大此参数，可使拉杆后机器提速更快
C25	停车位置补偿	5	0~30	范围：0~30。主轴为伺服电动机时通常设为5~7
C24	主轴电动机参数	4	0~30	主轴刹车的停顿时间，一般设置为4即可
C14	慢动时的主轴转速	80	80r/min、最低转速[注：取其最小值]	
D14	拉杆前主轴应停车到位	是	是，否	
D10	变频传动比调整	0	−15%~+15%	此值不准会造成设定转速与实际转速不符
C05	绣厚料补偿值	0	0~3	
C26	针停下位的位置调整	15	0~30	
D53	停车时是否锁住主轴	否	是，否	

3.3.3　框架驱动相关参数

框架相关参数见表 3-4。

表 3-4　框架相关参数

编号	参数名称	常用值	可选值	注释
S13	动框曲线 Y	F4	F1~F6	
B03	是否分步越框	否	是，否	
C15	高速移框时的速度	16	1~30	
C16	低速移框时的速度	12	1~30	

续表

编号	参数名称	常用值	可选值	注释
D13	越框的速度	16	0, 1, 2, …, 30	
C74	X 方向动框角度 A	230	230~280	适用于全伺服高速机
C75	X 方向动框角度 B	235	230~280	同上
C76	Y 方向动框角度 A	235	230~280	同上
C85	Y 方向动框角度 B	235	230~280	同上
C49	机械 X 向间隙补偿	0.0	0.0~1.0	
C50	机械 Y 向间隙补偿	0.0	0.0~1.0	

调试伺服绣框的 X、Y 参数（X 参数，适用于全伺服高速机）			
绣作参数	300	93~650	
移框参数 1	260	93~650	
移框参数 2	13	6~50	
参数 1	30	10~50	
参数 2	30	10~50	
参数 3	30	10~50	
参数 4	30	10~50	
参数 5	30	10~50	
参数 6	30	10~50	
参数 7	30	10~50	
参数 8	30	10~50	
参数 9	30	10~50	
参数 10	30	10~50	
参数 11	30	10~50	
机械回差补偿	20	0~50	
电子齿轮比分子	50	0~100	
电子齿轮比分母	1	0~255	

调试伺服绣框的 X、Y 参数（Y，同 X 参数）

3.3.4 机头控制和断线检测相关参数

机头控制和断线检测相关参数参见表 3-5。

表 3–5　断线检测相关参数

编号	参数名称	常用值	可选值	注释
B05	断线检测	是	是，否	
B11	起绣时断线不检测针数	8 针	0~15 针	
B06	断线检测后是否停车	是	是，否	
B07	断线后是否确定拉杆	否	是，否	
B08	断线退针数	0 针	0~7 针	有些机器不执行此参数。（金片绣不执行此参数）
B09	回退补绣针数	2 针	1~10 针	断线点前几针补绣结束
B10	补绣结束的动作方式	降速	不变速、降速、停车	
B14	设置所有机头补绣	否	是，否	当设为"是"时，补绣时没有关闭的机头都进行补绣
B12	跳跃时是否断线检测	否	是，否	
C27	设置断线检测方式	绕线轮	普通弹簧，绕线轮	
C28	断线检测去抖动针数	2 针	1~10 针	
C67	面线检测灵敏度	1	1~15	
C68	底线检测灵敏度	1	1~15	
C69	面线检测去抖动针数	1 针	1~10 针	
C70	底线检测去抖动针数	1 针	1~10 针	
C90	断检装置类型	纯簧式	纯簧式、纯轮式、簧+轮	
C91	机头电动机动作角度	0	0~10	

3.3.5　剪线相关参数

剪线相关参数见表 3–6。

表 3–6　剪线相关参数

编号	参数名称	常用值	可选值	注释
C17	是否暂时关停剪线	否	是，否	
C01	跳跃剪线	3 针剪线	不剪线、1~7 针剪线	
C20	剪线时是否锁针	是	是，否	
D49	剪线前锁针针数	2	0~2	
D48	剪线前锁针长度	0.7	0.3~2.0	
C18	剪线长度	3	1~8	1 为剪线最短，8 为剪线最长

续表

编号	参数名称	常用值	可选值	注释
D05	剪线时的转速	80	80，90，100，…，250	
D04	剪线后起针速度	60~150	60，70，80，…，150	该参数设置锁针时的转速
C11	剪线后慢动针数	3 针	1~7 针	
C19	剪线后锁针针数	2 针	0~3 针	该参数用于设置剪线后再拉杆刺绣时的锁针针数
C21	锁针长度	0.6	0.3~1.5	
D06	剪线后主轴转几圈停车	1	1，2	
C23	剪线后动作方式	Y 向动框	X 向动框、Y 向动框、移动针位	
C22	剪线后是否执行动框	否	是，否	
D03	起针时扣线角度补偿	−4	−4~3	
D07	剪线到位是否检测	是	是，否	
D08	集中勾线的角度调整	100	0~200	设置集中勾线的角度。此数加大时，勾线角度向后移
D32	机器是否剪线	否	是，否	
C81	剪线起始角度调整	3	0~20	适用于步进剪线机型
C82	剪线时回刀角度调整	4	0~30	同上
C83	剪线时保持器回位角度调整	0	0~99	同上
C84	扣线电磁铁电压调整	1	1~3	同上
C92	停车剪线角度	100	86，100	
C93	剪线时面夹动作方式	B	A，B，C	
C94	起绣时面夹动作方式	B	A，B，C	
C71	面线夹持电磁铁电压调整值	1	1~10	

3.4　多机头组合刺绣控制系统

随着人类生活水平的提高，人们对绣花图案"美学"的要求也越来越高。人们在生活中不再满足仅有的简单单调图案，工艺品一般的绚丽图案开始进入人们的生活，从刺绣机机械制造角度，实现大型图案、超多色图案是相当困难的。如果要实现单个刺绣头制作大幅面的绣品，就需要绣品相应大小的框架。而多头电脑刺绣机由于机头距离的限制，单个机头不可能做得很大，从而限制了可用的针杆数（颜色数），最多实现 15 种颜色的自动切换。传统的电脑绣花机在制造完成后，随着头距和绣框大小的确定，有效刺绣面积就已经确定。如果想继续扩展绣作面积和绣作颜色，每次换色都需要绣工手工干预，进行扩幅面（换布）和扩颜色（换线）的操作，没有办法由电脑绣花机自动完成。这样的手工操作不仅操作复杂，容易出错，而且生产效率低下，不利于大规模生产应用。

为了充分发挥超多头刺绣机框架范围大，头数多的特点，刺绣机电控系统专门开发了组合刺绣软件功能，突破性地发展了传统隔头绣的功能，通过刺绣机控制系统根据花样的需要，能够实现自动开关机头。

3.4.1　扩大幅面

所有刺绣头可任意分组，组内机头轮流刺绣，实现组内多个机头绣作的花样拼接，实现大幅面花样的绣作。传统的隔头绣是 2 头分组，新的组合刺绣可以支持 2 头、3 头、4 头，甚至任意头分组。例如 1 台 56 头的刺绣机，8 头为一组，分为 7 组，每组内 1~8 头分别绣作，最终 8 个头的绣品组成一个完成的图案，扩大幅面功能效果如图 3-43 所示。

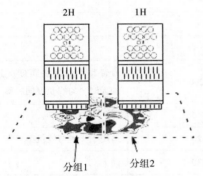

图 3-43　扩大幅面功能效果图

56 头一次可以实现 7 幅完整的大幅面的绣品。通过牺牲一定倍数的单次产品数量，换取单个绣品幅面扩大相应倍数。分组机头设置如图 3-44 所示。

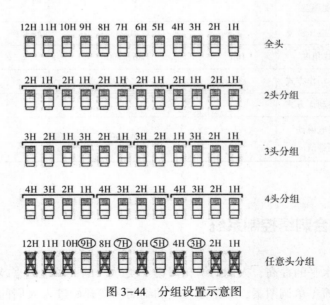

图 3-44　分组设置示意图

3.4.2　扩充颜色

针对超多头刺绣机机头针杆数最多为 6 针的特点，通过将相邻的 2 个头组合，实现扩充针杆数的功能。从而实现在一个刺绣面积下，3 针实现 6 色刺绣，6 针机型实现高达 12 色刺绣。其特点是换组时同时绣框跟踪机头移动头距（相邻两头的距离）的倍数（由分组的情况决定，同时也受机器 X 方向行程的限制）。例如 1 台 56 头 6 色的刺绣机，相邻两头分组，就抽象变为 28 头 12 色的刺绣机，可以一次自动完成 1 个包括 12 种颜色的复杂绣品，其代价是 1 次绣作只能生产 28 个产品。牺牲一定倍数的单次产品数量，换取绣单个绣品颜色数扩大 1 倍的同时单个绣品幅面扩大相应倍数的一半。扩充颜色功能效果如图 3-45 所示。

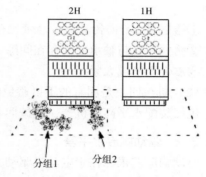

图 3-45　扩充颜色功能效果图

3.4.3　多颜色扩大幅面

综合扩颜色和扩幅面的功能，在扩充针杆的基础上实现扩大幅面。例如，1 台 56 头 6 色的刺绣机先设置扩充针杆功能，该机器抽象为 28 头 12 色的刺绣机，之后在 28 头基础上进行分组，以 4 头为一组，分为 7 组，每组内 1~4 头分别绣作，最终 8 个头的绣品组成一个完成的图案。56 头一次可以实现 7 幅完整的大幅面多颜色的绣品。牺牲一定倍数的单次产品数量，换取绣单个绣品颜色数和扩大相应倍数。

3.5　平绣电脑刺绣机常见故障和解决方法

3.5.1　电气系统常见故障和解决方法

电气信号不稳定是电气系统常见故障。检查电线连接是否牢固，或者强电线和弱电线距离是否过近。如果有干扰存在，可以在信号线外套上磁环，进行屏蔽。

3.5.2　主轴系统常见故障和解决方法

停车不到位是电气系统常见故障。具体调整步骤如下：

（1）首选手动摇动主轴，找到光电编码器零位脉冲在多少度范围内。

（2）调整主轴电动机参数，使电动机的刹车动作正常。

（3）调整停车位置补偿值，通常在 10 左右，点动观察停车位置，如停车位置靠近零位脉冲的度数下限，应适当加大该数值，反之则适当减少，再点动观察停车位置是否在零位脉冲的范围中间。若不在，反复调整至其停到中间为止。

3.5.3 框架系统常见故障和解决方法

3.5.3.1 回差水平差

（1）机械回差主要是 XY 轴框架传动过程中的机械性的误差造成的，主要有以下原因：

①绣框 X、Y 向传动皮带与带轮存在间隙。

②绣框导轨与轴承之间存在间隙。

③皮带太松或太紧。

（2）机械回差是固有的不可避免的，但机械回差的大小与机械装配的水平存在很大关系。机械装配水平高的机器，机械回差就会相对小一点。

3.5.3.2 驱动响应水平差

驱动响应差根源在于电动机驱动力小于框架的负载。框架的负载在力的性质上属于一种摩擦力，是由框架与台板间的摩擦力（框架的大小重量和毛毡的数量粗糙程度决定）和皮带运动的摩擦力（皮带的弹性系数，皮带的张紧度决定）组成的。

3.5.3.3 电动机驱动力不足

（1）现象：在同一方向，各个测试点的响应都需要近 5~8 步后才能达到。

（2）原因：

①大型框架，框架与台板间的摩擦力大。

②皮带太紧，皮带运动的摩擦力大。

（3）不良影响：该方向，框架响应不再忠实于动框曲线，且在该方向各个点程度相同。框架移动位移不到位，比理想情况小，绣作体现在平包针宽度偏窄，粗细不均匀。榻榻米效果差。

（4）改进方法：

①加大驱动器电流。大部分情况效果不明显。

②电控方面修改动框曲线加以修正。需要指出的是部分情况下无法达到最佳的效果，一定程度上会增大框架的震动和噪声。

③机械方面加以改进，降低框架负载。方法如适当调整皮带张紧度，增加框架支撑，减少毛毡的数量和面积，降低毛毡的摩擦系数。改进效果比较明显，但需要研究改进的最切实可行的办法。

3.5.3.4 电动机驱动力不均匀

（1）现象：在同一方向，某个（某几个）测试点的响应需要近 5~8 步后才能达到。

（2）原因：

①电动机数量不足。

②电动机分布不均匀。

③各个皮带张紧度不一致。

（3）不良影响：该方向局部框架响应不再忠实于动框曲线，且在该方向不同的测试点程度不相同。框架局部移动位移不到位，比理想情况小。部分头绣作断线率高，平包针宽度偏窄，粗细不均匀，榻榻米效果差。

（4）改进方法：

①无法从电控方面修改动框曲线加以修正。由于各点响应不一致，修正某点的框架响应，又会造成另外的框架响应变差。

②机械方面加以改进，降低框架负载。同时对于大型框架 Y 方向采用双电动机驱动，电动机分布力求均匀。对于小型框架研究皮带张紧度的分配，对框架响应的影响。

（5）对厂家的指导：

①X、Y 方向电动机的传动轴根据机器的大小，应加粗到 20~25mm。可有助于解决 Y 方向扭矩不足，驱动力不均匀的问题。

②Y 方向很长的时候，可以考虑采用双电动机均匀分布的发法，解决 Y 方向扭矩不足，驱动力不均匀的问题。

3.5.4 机头控制系统常见故障和解决方法

3.5.4.1 震动和造成问题

（1）统电磁铁锁机头的方式，会造成很大的噪声和振动，因此推荐采用机头跳跃电动机来代替机头电磁铁。

（2）影响高速机整机品质的重要因素就是高速时整机的震动和噪声。

（3）经过测试目前造成高速时整机的噪声和振动主要来自机头部分而不是来自框架部分。

（4）震动主要是针杆作高速上下运动时带来。

（5）噪声主要是机头部件高速运动摩擦撞击造成的。

3.5.4.2 降低噪声和振动的一些方法

（1）尽量用电动机代替电磁铁

①机头电动机代替机头电磁铁。

②电动机剪线代替电磁铁剪线。

③面线夹持选用小功率的电磁铁。

（2）机架的型材选用要好，底部支撑要做好。

（3）全伺服框架驱动优于步进电动机驱动。

3.5.5 剪线系统常见故障和解决方法

引起剪线后起针掉线主要有以下两个原因。

3.5.5.1 剪线阶段的问题

（1）剪线长度不够。解决方案为：

①增大剪线长度参数。

②增大集中勾线角度调整参数。

（2）剪线不良，剪线长度非常短。解决方案如下：

①如果剪完线，线头已经脱离针孔，或者露出针孔部分很短，应该是剪线时将两根面线都剪断了造成的。

②动态剪线，剪线分线角度不对，电磁铁剪线方式调整机械凸轮角度，步进剪线方式调整机械凸轮角度，步进剪线方式调整开刀起始角度参数。

3.5.5.2 起针阶段的问题

对于机电一体化产品的控制研究，不能够单单从电脑控制角度去分析解决问题。有些机械上看似很复杂的问题，其实在电气控制上很简单，而有些控制上看来变化多端、奥妙无穷的问题，从机械上看来却没有什么特别之处。这种从不同专业角度造成的同一问题视角上的错位，是机电一体化问题上的一大困惑。对于人们研究刺绣机控制的工程师也要不断学习和研究，能够从"机"和"电"两个角度去解决问题，即可得到问题的最佳解决方案。

复习思考题

1. 平绣电脑刺绣机控制系统的五个子系统分别是什么？请简述它们的执行机构和传感器。

2. 请简述形成线环的过程。

3. 静态剪线和动态剪线有什么区别？

4. 请简述剪线系统的控制时序。

5. 换色系统有哪些控制方式？

6. 切换针长（mm）参数的作用是什么？

7. 多机头组合刺绣可以解决什么类型的问题。

8. 简述多机头组合刺绣的原理。

9. 多机头组合刺绣按工作方式可分为哪几类？

10. 停车不到位应如何解决？

11. 如何降低机头的噪声和振动？

12. 如何解决剪线长度短的问题？

第4章

链式毛巾绣电脑刺绣机

4.1 链式毛巾绣电脑刺绣机机械结构和工作原理

　　毛巾绣相对于普通的刺绣方式而言是一种崭新的刺绣方式，其绣品立体感强，美观大方。目前倍受厂家和消费者的喜爱。与毛巾绣并存的还有链式绣。其中毛巾绣以单个线环为单位，线环之间相互独立以此形成刺绣线迹。而链式绣以单个线环为单位，线环之间彼此串套，紧密相连，以链条的形式形成刺绣轨迹。（图4-1）

（a）毛巾绣　　　　　　　　　　（b）链式毛巾混合绣

图4-1　毛巾链式绣品

　　在平绣机当中，主轴电动机作为主动力源始终以单方向的旋转周而复始地将动力传递到上下轴，并使上线（面线）与下线（底线）通过旋梭的转动，以形成锁式交织，并且每两针之间的过渡通过绣框动作形成一条单线式的刺绣轨迹。

　　而在毛巾绣当中，显然与平绣系统有着天壤之别，从机械安装结构上可以看出，毛巾绣没有旋梭系统，取而代之的是打环系统，没有底线，只有上线，而且上线被移到台板下方，它的绣针结构也与平绣机针截然不同，机针对比如图4-2所示。

　　毛巾绣机型的机针没有穿线孔，只有类似钓鱼钩式的针钩，如果平绣机针是起引领面线的作用，那么毛巾绣的机针是起勾带面线的作用。它将面线勾上来后，形成一个线环停留在绣品上，尽管没有与底线交织，但是因为毛巾绣的绣线与用于平绣机的绣线在质地上有很大差异，绣线具有很大的摩擦力，不会轻易滑脱，这样正是通过无限多个线环通过绣

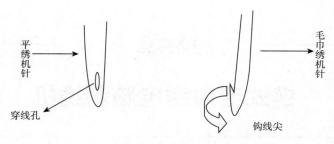

图 4-2　平绣毛巾绣机针对比图

框移动形成了绣花轨迹。毛巾绣机械实物如图 4-3 所示。

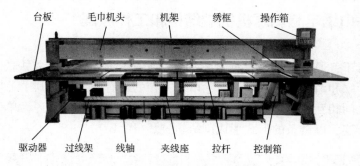

图 4-3　毛巾绣机械实物图

集中打环纯毛巾绣机械结构如图 4-4、图 4-5 所示。机器各部分名称见表 4-1、表 4-2。
（1）集中打环纯毛巾绣机械正视图，如图 4-4 所示。

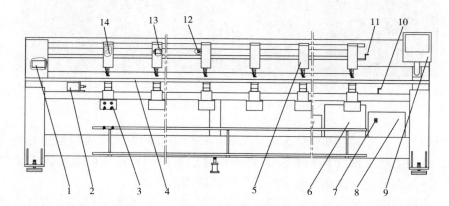

图 4-4　纯毛巾绣机型正视图

表 4-1　机器各部位名称

序号	名称	型号	备注
1	D 轴电动机	不统一	安装在机架罩壳里面，控制所有机头，图示此部分为剖视图

续表

序号	名称	型号	备注
2	H 轴电动机	不统一	安装在台板下面，控制所有机头，图示电动机与轴连接部分为剖视图
3	夹线器		
4	台板		
5	环绣机头		
6	驱动箱		
7	电源开关		用户可根据需要另接
8	控制箱		
9	操作箱		
10	H 轴原点接近开关	金属接近开关传感器	
11	D 轴原点接近开关	金属接近开关传感器	
12	针高电位器	多圈电位器	剖视图，分头提升每机头一个
13	针高电动机	42 步进电动机	剖视图，分头提升每机头一个
14	机头开关板		剖视图，安装在机架壳里面，外面只有指示灯和开关，每机头一个

（2）集中打环纯毛巾机械后视图，如图 4-5 所示。

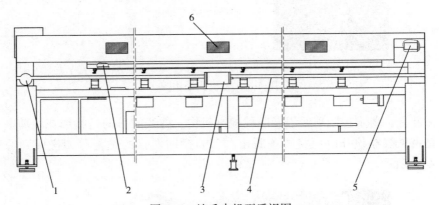

图 4-5　纯毛巾机型后视图

表 4-2　机器各部位名称

序号	名称	型号	备注
1	X 轴步进电动机	110 步进电动机	可根据需要安装在其他位置
2	照明灯		
3	Y 轴步进电动机	110 步进电动机	

序号	名称	型号	备注
4	台板		
5	环绣主轴电动机	130伺服电动机	安装在机架壳里，剖视图
6	机头控制板		机头不能提升或集中提升的机型没有此项，分头剪线的机型有下机头板

4.1.1 链式毛巾绣刺绣机机头机械结构和工作原理

毛巾绣机械结构分为上下机头两部分同步运行，其中上机头部分要求可以控制 Z 轴电动机提升针高的动作。在绣作时，不同的针杆高度可方便用户在不同的绣作方式，不同的面料情况下产生不同的绣作效果。通过针高电动机将某个机头单独提升到脱离位，使该机头的针杆可以脱离主轴，便可实现锁机头或补绣的功能，如图 4-6 所示。

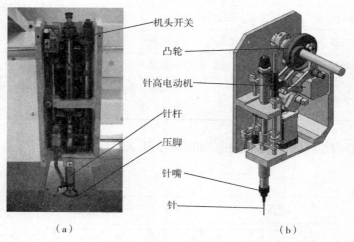

（a） （b）

图 4-6 上机头结构图

下机头部分，要求控制剪线以及断线检测机构。剪线的目的是将绣花线剪断。剪刀半出的目的是将夹线器顶开以便将线头脱出。剪刀撤回的目的是将剪刀撤回到原点基准位置，如图 4-7 所示。

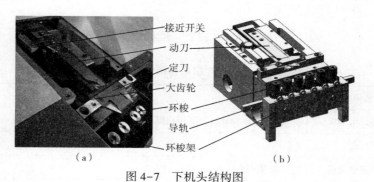

（a） （b）

图 4-7 下机头结构图

4.1.2　链式毛巾绣刺绣机 D 轴机械结构和工作原理

D 轴系统的主要作用是在主板的控制下，带动针杆，针嘴旋转跟随针迹方向。在链式绣时针钩与绣框运动方向相反。在毛巾绣时针钩与绣框运动方向相同。而绣框的运动方向不论是毛巾绣还是链式绣，其运动方向始终与针迹运动方向相反。回原点时，针钩方向应朝向操作者，如图 4-8 所示。

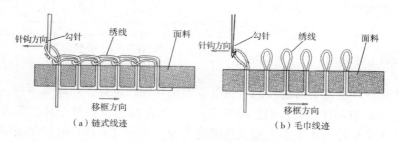

（a）链式线迹　　　　　　　　　　　（b）毛巾线迹

图 4-8　成线原理图

4.1.3　链式毛巾绣刺绣机 H 轴机械结构和工作原理

控制环梭旋转运动的电动机又称为 H 轴电动机。由于 H 轴电动机的动作是往返转动，对电动机动态响应要求高，电动机轴装配负载尽可能小，且惯量尽量小。否则会影响绣品质量，或者不能正常工作。

H 轴的作用如下：

4.1.3.1　在绣作时形成线圈，便于勾线

当线迹为直线运动时，环梭在一针内正转（顺时针）360°，使线在钩针上绕一圈，当线勾上并抬起后，环梭再反方向（逆时针）转 360°。以使丝线不形成捻丝，使绣品光亮。示意图如图 4-9 所示。

环梭上的穿线孔，无论是链式绣还是毛巾绣方式，始终与勾针方向夹角 135°左右。为了确保每针都能在第一个环时勾上线，穿线孔自动偏一个 45°。即勾针方向与穿线孔相差 135°，如图 4-10 所示。

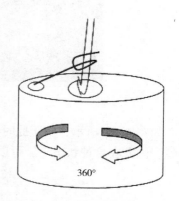

图 4-9　旋梭旋转方向

4.1.3.2　环梭的另一个作用是换色

换色前通过松线电动机带动松线凸轮使环梭下降。环梭下降后，由于每个环梭的定位销使环梭不能动，环梭的齿轮近似形成一个齿条（如六针式机头，六个环梭齿轮似形成一个齿条）。在环轴电动机大齿轮的带动下，环梭箱可以左右移动。通过精密电位器，判断出环梭的位置。当位置正确后，通过松线凸轮将该位置的环梭顶入环梭箱定位板，对该环梭位置精确定位，如图 4-11 所示。

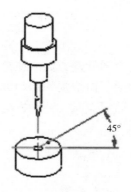

图 4-10　回旋梭上的穿线孔

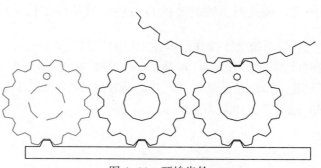

图 4-11　环梭齿轮

　　换色功能是在环轴落下后进行的。用电位器来判别针位置。环梭落下后，环梭齿被环梭挡板挡住（应注意环梭是否正确的落下来）。大尼龙齿轮带动整个环梭架及夹线器动作进行换色。换色电位器为单圈连续型高精度电位器，型号与升针高电位器相同。

　　如图 4-12 所示，最右边的环梭被顶起，此时处于环梭上位，与其他环梭脱离连接，且脱离固定销的作用单独与大尼龙环齿合。

图 4-12　环梭被顶起

　　如图 4-13 所示，由于此时大尼龙齿轮只与所在针位的环梭相结合，不会影响到其他针位，因此在这种状态下，可以进行刺绣。

图 4-13　环梭与大尼齿轮啮合

4.1.4　链式毛巾绣刺绣机剪线机械结构和工作原理

毛巾绣的剪线系统没有扣线和勾线，当需要剪线时必须保证环梭处于下位的位置，同时剪线动刀的到位与否需要一个接近开关来检测。剪线机械部分主要有两个动作：

4.1.4.1　剪线动作

剪线机构在剪线电动机的带动下往返动作一次；此动作可将线剪断并将剪断后的线头勾入夹线器固定。一般在绣作结束、换色、越框、高速移框时需要剪线。执行剪线时需要松线电动机配合完成，即当环梭在下位时进行剪线，剪完线后，线头留在夹线器中。

4.1.4.2　半出剪刀动作

剪线刀顶开夹线器，使夹在夹线器中的线脱出。剪刀机构机械结构，如图 4-14 所示。

接近开关　　　检测挡片　　　动刀　　　定刀

图 4-14　剪线装置图

4.1.5　链式毛巾绣刺绣机松线机械结构和工作原理

松线系统的作用是在链式绣时调整为紧线状态，毛巾绣时调整为松线状态。另一个作用是控制环梭上升和下降，配合换色及剪线动作。

毛巾松线凸轮是 A、B 两个凸轮（图 4-15）的合成，凸轮一共转 270°。分为四个位置状态：0—下位紧线，1—下位松线，2—上位紧线，3—上位松线，如图 4-16 所示。

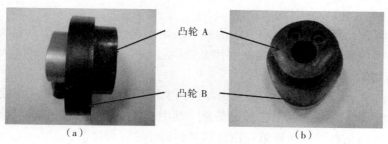

凸轮 A

凸轮 B

（a）　　　　　　　　　　　　（b）

图 4-15　松线凸轮

松线系统可实现升降环梭功能（凸轮 A 实现）和松紧线功能（凸轮 B 实现）。

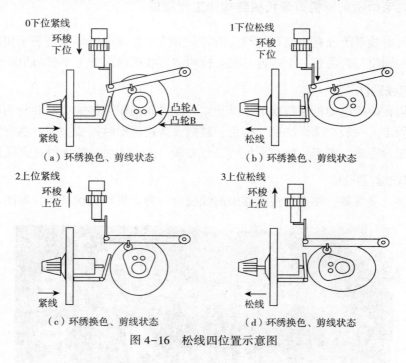

图 4-16　松线四位置示意图

4.2　链式毛巾绣电脑刺绣机电控组成和工作原理

链式刺绣机控制系统由主控系统、主轴驱动模块、绣框驱动模块、H 轴驱动模块（包含所有 H 轴驱动模块）和 D 轴驱动模块等部分组成。主控制系统是整个链式刺绣机控制系统的核心，主要完成：花样输入输出、花样信息显示、刺绣过程时序控制等功能。主控制系统发出信号控制主轴驱动模块带动主轴运动，以使主轴带动钩针上下穿行预先铺设的刺绣图样衬底。同时控制绣框驱动模块带动框架运动，以使夹在绣框上的绣布按照刺绣图样衬底运动。D 轴模块驱动 D 轴运动，以使 D 轴带动钩针旋转预设角度，实现链式线迹。H 轴模块驱动 H 轴运动，以使 H 轴带动回旋梭旋转预设角度从而形成线环。多个 H 轴驱动模块之间信号独立，互不干扰。可实现同一时刻找原点动作和刺绣动作。系统框图如图4-17 所示。

主轴驱动模块、绣框驱动模块、H 轴驱动模块（包含所有 H 轴驱动模块）和 D 轴驱动模块分别与主控系统电器连接，在主控系统的控制下，四者以特定的时序相互配合动作，以形成所需的刺绣图样。

主控系统向主轴驱动模块发送触发命令，向绣框驱动模块发送第一控制信息，向 H 轴驱动模块和 D 轴驱动模块发送第二控制信息。其中，第一控制信息包括一针线迹运动的长度信息，第二控制信息包括钩针第一位置信息和钩针旋转角度信息。

时序图 4-18 是以主轴转一圈的角度为参考的。顶端为 0，逆时针旋转为正方向。主

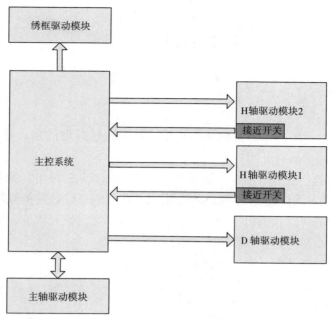

图 4-17　链式刺绣机控制系统构成

轴正常停止在 35°~40°，即小扇型表示的位置。从内到外依次表示 X、Y、D、H 的运动时序。实心部分表示所对应的轴处于运动状态，空心部分表示处在非运动状态。

　　主轴驱动模块接收触发命令，驱动主轴运动，通过主轴带动钩针上下穿行刺绣图样衬底。绣框驱动模块根据第一控制信息的内容驱动绣框，选择运动曲线驱动绣框使夹在框架上的绣布按照刺绣图样衬底运动。运动时序应该在针出布后运动，在针入布前停止。H 轴驱动模块根据第二控制信息驱动回旋梭往复旋转，所以主轴转一圈，H 轴运动两次，分别叫 H_1 和 H_2，中

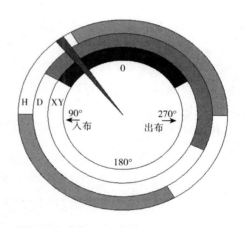

图 4-18　时序图

间有两次间歇。H_1 运动在针在布下时，H_2 运动在针在布上时。D 轴驱动模块根据第二控制信息驱动 D 轴钩针旋转，应该在 H_1 运动结束后开始转动，尽量在动框前结束。钩针上下穿行刺绣图样衬底的运动过程中，H 轴、D 轴、绣框通过时序配合完成一针链式线迹刺绣，重复上述步骤即可实现多针的连续刺绣，以在刺绣图样衬底上形成所需的链式刺绣图样。

4.3 链式毛巾绣电脑刺绣机电控参数调试方法

4.3.1 功能介绍

市场上有多种常见的毛巾链式刺绣机机型，其中比较典型的是大豪 BECS-C29 电控。本节以 BECS-C29 为例进行介绍。

（1）毛巾绣功能：毛巾绣相对于普通的刺绣方式而言是一种崭新的刺绣方式，以单个线环为单位，线环之间相互独立以形成刺绣线迹，其绣品立体感强，美观大方。

（2）链式绣功能：链式绣以单个线环为单位，线环之间彼此串套，紧密相连，以链条的形式形成刺绣轨迹。

（3）环绣断线检测功能，自动补绣和锁机头功能。

（4）平绣头与环绣头自动切换或手动切换功能。

（5）毛巾绣和链绣之间自动切换功能。

（6）环绣头针高度自动升降功能。

（7）环绣自动剪线功能。

4.3.2 环绣机头和平绣机头的切换

4.3.2.1 机头切换

根据绣作的具体要求，可以在环绣机头和平绣机头之间自由切换，可以在选择适当类型的机头后进行各种操作。

操作步骤如下：

（1）主界面在停车状态下，按 图标或 图标，可以进入手动切换机头和换色界面如图 4-19 所示：

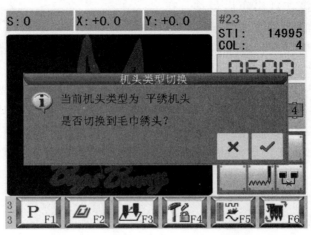

（a）

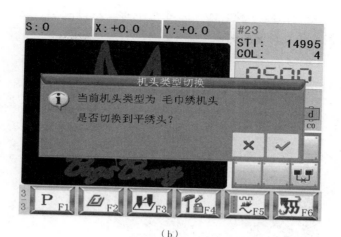

（b）

图 4-19　机头类型切换

根据当前的机头类型，会提示由平绣机头转换为毛巾绣机头或者由毛巾绣机头转换成平绣机头。

（2）点击"回车"键后，绣花机会执行机头切换工作，最后在主界面上，如果机头切换按钮显示为 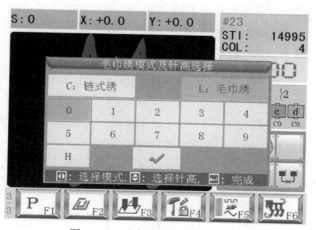，并且环绣头指示灯亮，则说明当前已经切换至毛巾绣机头。如果机头切换按钮显示为 图标时，则说明已经切换至平绣机头。

（3）按"数字"按键可以实现手动换色功能，当当前机头类型为毛巾绣机头时，"1"代表环梭位置 a，"2"代表环梭位置 b，"3"代表环梭位置 c，…。

（4）当前机头为毛巾绣机头时点击"数字"按键后，还会弹出"毛巾绣模式及针杆高度选择"窗口。使用键盘上的"左""右"按键，可以实现毛巾绣线迹与链式绣线迹之间的切换。使用键盘上的"上""下"按键，可以实现针高位置的改变，改进刺绣效果，0、1、2、…、9 十挡数值表示不同的针高，H 代表脱离位，可以实现自动关闭所有机头的功能，如图 4-20 所示。

图 4-20　毛巾绣模式及针高选择

（5）按"回车"键退出后，根据选择的环梭位置、线迹类型、毛巾针高的值，绣花机会做出相应的调整，并且将最终的改变结果反馈显示出来。

4.3.2.2 环绣状态主界面介绍

图4-21所示为切换到平绣机头的主界面。

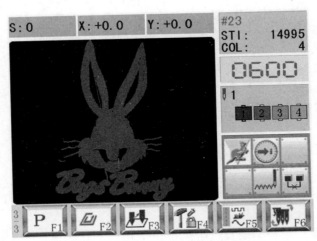

图4-21　平绣状态主界面介绍

如图4-22所示为切换到环绣机头的主界面。

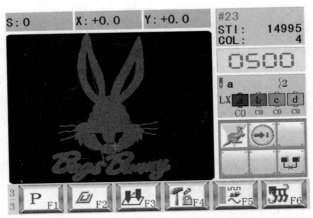

图4-22　环绣状态主界面介绍

切换到环绣机头的主界面与平绣机头的主界面有以下几点不同的地方：

（1）┃a 表示当前环梭位置，a 表示当前环梭位置是 a。

（2）┊0 表示松线位置，0 表示环梭下位紧线，数字意义请参考"手动调试"的"松线位置调整"。

（3）L0 表示线迹类型，前面一项 L 表示毛巾，0 表示针高档位是"0"，表示在 0 针高位置。

（4），换色顺序表，每组有三项，分别表示环梭位置：b；线迹类型：C；绣针高度：0。

4.3.3　环绣绣作步骤

环绣绣作步骤如下：

（1）输入环绣花样，根据需要进行花样的选择、变换和编辑。

（2）修改相关参数，并进行换色顺序的选择，选择好环绣线迹类型和针高。手动换色时，需要手动选择环梭位置、线迹类型（毛巾绣或者链式绣）和绣针高度。

（3）检查环绣机头，确定其处于正常工作状态。

（4）拉杆绣作。

4.3.4　相关参数及其设置方式

在主界面下点击参数设置键 ，点击右下角的图标选择参数种类，当右下角图标显示 时，可以进行环绣参数设置。

（1）F21 环绣机头回旋梭数：根据机械配置选择单个机头的环梭数目，环梭位置用 a、b、c、d…表示。

（2）F01 跳跃剪线：可以设置为否或范围 1~7。如参数设置为"否"，绣作时遇到跳针码按跳针处理，即自动停车、松线、移框，再自动启动；如参数设置为"范围 1~7"，花样内连续跳针数小于设定值，则跳跃不剪线；大于或者等于设定值，绣作时遇到跳针码按越框处理，即自动停车、剪线、移框，再自动启动。

（3）F08 毛巾定缝针迹数：范围 0~7，进行毛巾绣作时，为防止绣线脱落，可将毛巾绣的最后几针转换为链式线迹。该参数用来设定转换针数。

（4）F07 剪线后线头处理：可分为简易处理、布料正面、布料反面，在布料正面可以防止线头脱落。

（5）松线方式：可以分为 md02、E937，可以根据松线驱动器的不同类型进行选择。

（6）剪线换色线头处理：此参数与"剪线后线头处理"配合使用，设为"是"则按前一参数设置方式处理。

（7）F48 平绣头到环绣头头距：范围 -600~600，单位 mm，根据机械的实际头距设置，环绣头在平绣的左边为负，右边为正。

（8）F19 停车位置补偿：环绣主轴是独立于平绣主轴的一套主轴系统，停车位置为 35°。调整停车位置补偿参数可以微调主轴停车时的停车位置，消除因机械惯性引起的停车不到位情况补偿值变大时停车的角度也相应向后移动。用户可根据每台机器的停车位置是否超越停车角度选择 0~6 的数值，参数为 0 时为最早停车位置。

（9）F25 环绣剪线：可选择的设定值为手动、自动、关闭，在刺绣中遇有换色、越框等操作，以及在刺绣结束后，机器可以根据用户的设定来决定环绣剪线方式。

4.3.5　机器调试

主界面在停车状态下，按 ![icon](当前机头为环绣头时）图标或 ![icon](当前机头为平绣头时）图标，进入切换机头界面，把机头切换到环绣头，即使"机头切换"按钮图标显示为 ![icon]，返回主界面，点击 ![icon]，进入"其他辅助管理的操作"点击"机器的有关测试"，会出现环绣手动调试选项，如图4-23所示：

图4-23　机器的有关测试

4.3.5.1　松线位置调整

进入选项后可以手动调节松线电动机位置和松线速度。当松线位置异常时，可以使用键盘上的"左""右"按键移动红色的选择框，当界面上的上下按钮被框选后" ![icon] "，可以使用键盘上的"上""下"按键对电动机进行微调，以满足系统要求。本系统利用单圈精密电位器阻值的变化来鉴别当前松线位置是否正确。需要调节调节电位器值，使松线电动机落在准确的位置，如图4-24所示。

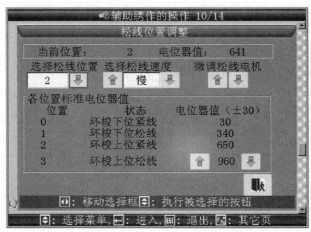

图4-24　环松线位置调整

松线位置分为 0、1、2、3 四个挡位，分别对应环梭下位紧线、环梭下位松线、环梭上位紧线、环梭上位松线四种状态，毛巾绣时处于位置 3 位，链式绣处于位置 2 位，剪线动刀时在 1 位，剪刀返回时在 0 位，换色时在 0 位或者 1 位。

4.3.5.2　针高位置调整

此项功能允许使用者根据绣品质量的要求调节绣针上升高度。允许维修人员对绣针升降机构进行老化处理，如图 4-25 所示。

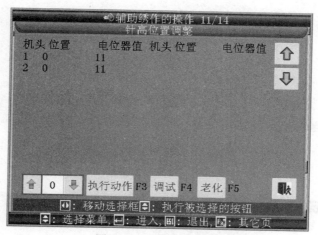

图 4-25　针高位置调整

（1）使用键盘上的"左""右"按键移动红色的选择框至左下角" ⬇ ⬆ "，然后使用键盘上的"上""下"按键选择所需的针高位置，按 执行动作 F3 执行升降针高操作。

（2）设备维修人员可以使用" 老化 F5 "，启动绣针升降机构的老化处理，按"ESC"停止退出。

4.3.5.3　环绣换色位置调整

本系统通过单圈精密电位器阻值的变化来鉴别当前换色位置是否正确，通过使用键盘上的"左""右"按键移动红色的选择框至调整按钮 ⬇ ⬆ ，然后使用键盘上的"上""下"按键，可以实现以下功能的调整。

（1）从"选择换色位置"的下拉菜单中选择预期的环梭位置，可以实现手动换色。

（2）调节换色速度。

（3）微调电位器值，使异常的环位回到正常的位置。

（4）调整不同梭位对应的电位器值（图 4-26）。

4.3.5.4　测试 D 轴电动机（图 4-27）

（1）按键盘上的"左""右"键移动红色的选择框至相应的上下按钮处 ⬇ ⬆ ，然后使用键盘上的"上""下"按键选择好方向、角度、曲线、转速，右拉杆开始测试。

（2）按 F4 回原点操作。

（3）点击键盘上的"ESC"按键退出。

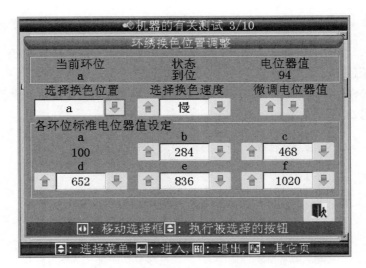

图 4-26　环绣换色位置调整

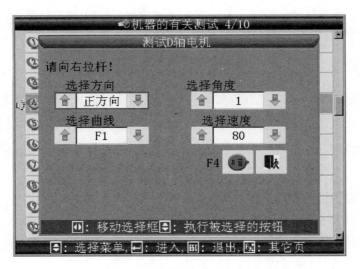

图 4-27　测试 D 轴电动机

4.3.5.5　测试 H 轴电动机

（1）按键盘上的"左""右"按键移动红色的选择框至相应的上下按钮处 ，然后使用键盘上的"上""下"按键，选择好方向、角度、曲线、转速，右拉杆开始测试，如图 4-28 所示。

（2）点击 执行回原点操作，点击 ，H 轴回穿线点。

（3）点击键盘上的"ESC"按键退出。

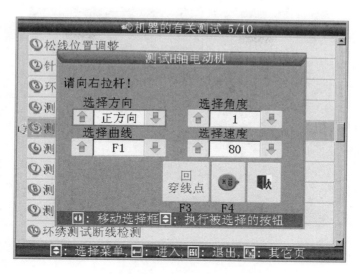

图 4-28　测试 H 轴电动机

4.3.5.6　测试链绣剪线电动机

操作：按键盘上的"左""右"按键使用红色的选框选中相应的上下按钮 ，然后使用键盘上的"上""下"按键对测试用的剪线角度和剪线速度进行调整，右拉杆就会执行剪线动作，如图 4-29 所示。

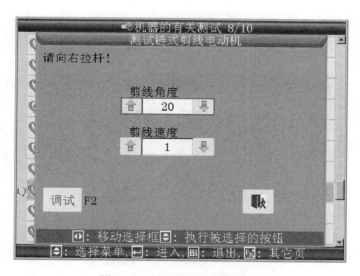

图 4-29　测试链式剪线电动机

按 ![调试 F2] 图标会出现如图 4-30 所示界面：

（1）把环梭降到下位。

（2）按对应的图标可以进行测试环绣的剪线、剪刀顶入线夹、剪刀撤出线夹不同的

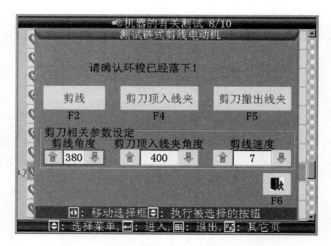

图 4-30　测试链式剪线电动机

操作。

（3）按键盘上的"左""右"按键使用红色的选框选中相应的上下按钮 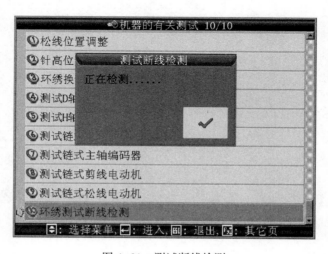，然后使用键盘上的"上""下"按键调整刺绣时的剪线角度、剪刀顶入线夹角度、剪线速度。

4.3.5.7　环绣测试断线检测

此项功能用于检测毛巾头的断线检测装置是否正确安装且灵敏。

在手动操作界面上，点击选择 环绣测试断线检测 ，会出现如图 4-31 所示的测试断线检测界面。

图 4-31　测试断线检测

此时毛巾头机头指示灯应该按照一定的频率在"红灯"和"绿灯"之间切换，否则表明机头断检接近开关和弹簧安装不正确，应该检查调整。

4.3.6　环绣手动操作

将当前机头切换至毛巾绣机头，即使主界面上的"机头切换"按钮图标显示为 。点击 ，在出现的"辅助绣作的操作"窗口中，选择相应的项目，可以执行环绣的手动操作，方便在刺绣过程中调节环绣头机械位置，关闭有故障的机头，如图4-32所示。

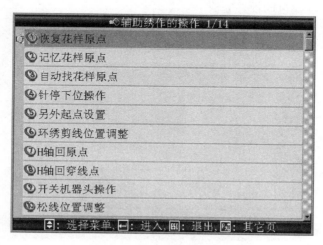

图 4-32　辅助绣作的操作

4.3.7　修改换色顺序设置环绣

在刺绣前设置换色顺序时，通过换色针位设置，即可实现在刺绣中自动切换。在主界面下点击 键，选择"输入并反复换色顺序"或者"修改换色顺序"，即可进入"输入换色顺序"界面（图4-33）。

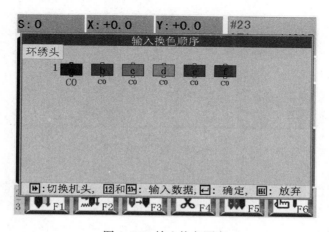

图 4-33　输入换色顺序

使用键盘上的"移框速度"按键，可以切换当前针杆对应的是平绣头还是环绣头，当设置为平绣头时（左上角显示为"平绣头"），换色的设置和一般的平绣机器一样。当设置为环绣头时（左上角显示为"环绣头"），键盘上的"1"按键代表环梭位置a，键盘上的"2"按键代表环梭位置b，键盘上的"3"按键代表环梭位置c，…。

当环绣时设置完刺绣需要的环梭位置后，还会弹出"毛巾绣模式及针高选择"窗口（图4-34），以便选择毛巾绣线迹类型和绣针高度，达到理想的绣作效果。设置完成后点击"OK"键，该针杆换色即设置完成。

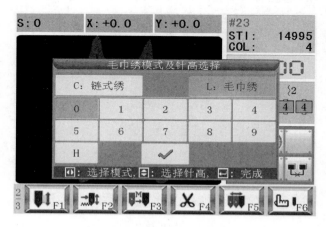

图4-34　毛巾绣模式及针高选择

在完成环绣绣作方式且设置好换色顺序后，将会显示出所做的设置，如图4-35所示：

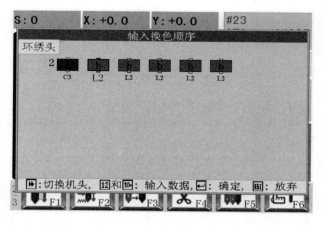

图4-35　输入换色顺序

环绣的自动换色由三项组成，字母a代表环梭位置；字母C代表链式绣，L代表毛巾绣，均表示线迹类型；最后一项数字表示绣针高度。

在绣作中，根据换色顺序的设置，会有平绣头到环绣头的切换，也会有环绣头到平绣头的切换。切换时机器将自动执行移动头距操作，自动切换至需要的机头继续工作。

4.3.8　手动开关环绣头操作

环绣头手动操作：

（1）拨动机头开关置中位，机头灯为绿色，此时环绣头处于正常刺绣状态。

（2）拨动机头开关置下位，机头灯熄灭，环绣针高抬到脱离位置，环绣头处于关闭状态。

（3）向上拨动机头开关，机头灯为红色，环绣头处于补绣状态。

断线后或人为地将断检灯拨成红灯后，拉杆回退进入补绣状态时，所有机头的环绣装置抬起；回退至补绣点停车，再拉杆时补绣机头的环绣装置先降下，开始环绣补绣，补绣至断线点时停车，其他非补绣机头的环绣装置自动落下，进入正常刺绣。可以在环绣机器参数设置菜单中设置环绣断线自动回退针数。

4.4　链式毛巾绣电脑刺绣机常见故障和解决方法

链式毛巾绣电脑刺绣机常见故障和解决方法见表 4-3。

表 4-3　常见故障和解决方法

故障现象	检查，调整与判断方法	故障排除方法
通信信号方面		
在环绣头上电动机头指示灯不亮，执行手动操作报相应动作无反馈的错误	检查 24V 电源是否正常	确认电源正常、接线准确牢固
	检查通信线缆是否正常，接头接触是否良好，终端电阻接法是否正确	更换通信电缆，使用双绞线
	检查机头板 DIP 开关设置是否正确	将机头板 DIP 开关正确设置
	电动机驱动板是否损坏	更换线路板
	检查周围是否有强干扰，走线是否合理，接地是否良好	机架接地，远离干扰源
其他		
绣作时带不上线	打开小针板，观察绣作时 D 轴与 H 轴夹角是否为 135°，或设为停车不找原点观察夹角是否正确	若不对在原点状态下调整机械，电动机负载要轻，清除线毛等杂物
	主轴转动方向是否正确，从操作头看过去，主轴逆时针转动	调整主轴电动机转旋转方向
	机械安装调整是否与标准方法一致（如针尖到针板上面距离、环梭上面到针板下面距离、针是否损坏、针板是否安反）	调整机械
	针嘴、针板、针是否与绣作用线匹配，针嘴和环梭内是否有线毛堵塞	更换针嘴、针板和针；针嘴内部要经过抛光处理
	机头板是否过流	重新上电，查找过流原因

续表

故障现象	检查，调整与判断方法	故障排除方法
	其他	
勾布或断针	主轴是否反转，主轴上轴顺时针为正确，主轴转动方向是否正确，从操作头看过去，主轴逆时针转动	调伺服参数可以解决
	针到针板上面的距离是否不合适	调整针高
	布料是否太厚或比较特殊	调整针高，增大针脚
	调整毛巾绣动框角度，或者链式绣动框角度	
	布悬浮太厉害、压脚和针嘴调整不合适导致针出布时无法很好地压布	
绣品不光泽（链式绣）	调整动框角度改变开始打环的主轴角度	
	绣品针迹与设定的针高不匹配	
	针钩或线道不光滑	
	布悬浮太厉害，压脚和针嘴调整不合适导致针出布时无法很好地压布	
	毛巾绣动框角度或者链式绣动框角度的改变对绣品质量也会有些影响	
针迹的非受控改变（毛巾变链式等）	通信总线受干扰或有问题	
	机头板过流（必须重新上电才可以恢复）原因可能是负载过重、机头板故障、电动机故障、24V电源容量不够	查找过流原因
漏针	通信总线受干扰或有问题	见CAN通信方面故障排除
	毛巾绣慢动针数小于5，当为3~4针时，半出剪刀后可能会有漏针发生	把参数慢动针数设为5
	毛巾绣时布料下有线团	清除线团
	线的松紧度调整不合适	调节夹线器
误报断线	检查断检弹簧是否灵活，且有线时是否发生误接触	调节断检弹簧和接近开关的距离
	断检接近开关是否损坏，损坏灯可能常亮	更换接近开关
	机头板是否损坏	更换机头板
不报断线	机头是否已打开	在开关机头操作功能中打开绣作机头
	检查断检弹簧是否灵活，且无线时能否接触	调节断检弹簧和接近开关的距离
	断检接近开关是否损坏	更换接近开关
	机头板是否损坏	更换机头板

续表

故障现象	检查，调整与判断方法	故障排除方法
其他		
环绣头刺绣不打环或者打环时有时无	检查手动调试动作是否正常 如果手动动作正常	检查通信线 5、6 芯接线是否正确，是否加终端电阻，并且需要保证通信线远离电动机驱动、电源等大功率模块
	如果手动动作不正常	检查通信线制作和连接是否正确
环梭位置和松线位置的互锁	对刺绣机的操作不当，会造成"环梭位置"和"松线位置"的互锁，即松线位置在上位时报"换色位置异常"的错误，这样就无法把松线位置下降，从而无法微调环梭位置	断电，手动摇动松线电动机的传动轴，把松线摇到下位，然后通电点击 图标，进入"机器有关测试"菜单的"环梭位置调整"项，调整环梭到正常位置
无法用机头开关毛巾绣机头	主轴停车不到位	执行点动操作

复习思考题

1. 请简述链式毛巾锈电脑刺绣机与平绣电脑刺绣机工作原理的区别。
2. 针高系统共有几个位置，分别是什么？
3. 请简述链式毛巾锈电脑刺绣机各传动轴的作用。
4. 松线系统共有几个位置状态，分别实现的功能是什么？
5. 绣作时有勾布或断针的情况应如何解决？
6. 请简述形成线环的过程。
7. 绣作时带不上线应如何解决？

第5章

盘带绣电脑刺绣机

盘带绣电脑控制系统是在平绣控制系统的基础上，增加的盘带驱动机构并对其精密控制的一种新型控制系统。盘带绣机头可以实现带绣、绳绣、缠绕绣等多种绣作方法。目前盘带机型电控有多种制式：集中式、半独立式、全独立式和双盘带。绣作类型分为盘带绣、缠绕绣和锯齿绣，以下分别对三种机型进行介绍和比较。

（1）盘带绣。将平绣的针迹绣在扁带或绳形的织物上，最后以完整的扁带或绳形轨迹构成完整的花样，普遍应用于工艺品的制作，参见图5-1和图5-2。

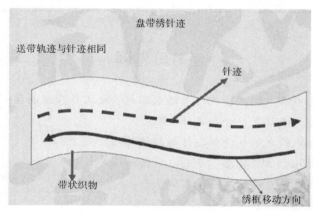

图5-1　盘带绣针迹

图5-2　盘带绣花样

　　扁带绣轨迹的形成主要依靠 M 轴伺服控制系统，驱动 M 轴伺服电动机进而带动 M 轴动作来实现。

　　M 轴电动机带动整机中每个特种绣头的齿轮转动，进而带动齿轮上面安装的绕线轮机构绕着平绣针杆转动，从而调整送带角度。M 轴曲线的动作与绣框和针迹的动作应该做到同步对应，即送带方向追踪绣框移动的轨迹。

　　（2）缠绕绣。缠绕绣根据缠绕的方向不同，可以分为左卷绣和右卷绣。该种绣法必须通过四种绣线的共同配合才能实现，即上线（面线）、下线（底线）、芯线和缠线，参见图 5-3 和图 5-4。

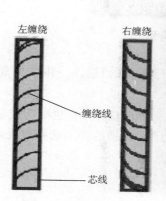

图 5-3　缠绕示意图

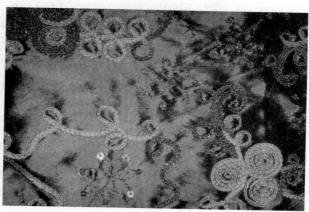

图 5-4　带缠绕绣的绣品

　　芯线被缠绕线绕成螺纹式的形状，通过上下线的锁式结合将缠绕住的芯线固定在织物上。该种绣法的针迹隐藏在芯线的底部，通过主轴系统的时序分配，使缠绕动作与主轴转动动作达到同步。

　　依据 M 轴转动方向的不同，可形成左缠绕与右缠绕。

　　M 轴不必像盘带绣时那样严格追踪绣框和针迹；而是绕着一个方向按照一定的速率不停地旋转，以达到"缠绕"的效果。

　　（3）锯齿绣（Z 绣）。将芯线按特定的针法刺绣，并将芯线通过上下线的交织固定在织物上面而形成花样图形，有多种针法可供选择，参见图 5-5、图 5-6。

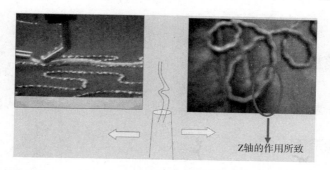

图 5-5　摆杆的作用效果

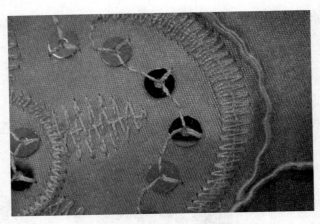

图 5-6　锯齿绣与平绣、金片混合绣

本种绣法依靠 Z 轴的步进电动机控制特殊的机械摆杆装置来回摆动，并在 M 轴的控制下跟踪绣框轨迹，以达到特殊的绣作效果。

除了 M 轴要严格追踪绣框和针迹动作外，Z 轴电动机控制的摆杆动作也要与主轴动作配合得恰到好处。绣作中，始终是摆杆引领着绣作轨迹动作；Z 绣的种类选择也决定了 Z 轴电动机的动作频率。（主轴绣作特定针数，摆杆摆动一次）

盘带绣品精美，参见图 5-7 和图 5-8。

图 5-7　盘带绣品（一）

图 5-8　盘带绣品（二）

5.1　盘带绣电控机型分类和特点

盘带绣主要分为四类：集中式盘带绣、半独立式盘带绣、全独立式盘带绣和双盘带。

5.1.1　集中式盘带绣

集中方式是最早期推出的盘带绣，即 M 轴、Z 轴（摆杆）和压脚提升轴电动机都是集中控制。集中方式的推出在当时很好地满足了客户的需求，但是随着用户对绣品要求的进一步提高，集中方式在补绣时，非补绣头也会动作，对绣品质量有一定影响。

5.1.2 半独立式盘带绣

5.1.2.1 规格与适用范围

半独立盘带绣电控系统增加了分头控制特种绣（盘带绣、缠绕绣和锯齿绣等）功能，更好地满足了实际绣作过程的需要，提高了补绣质量和生产效率，实现速度与绣品质量的较好结合。

（1）半独立盘带绣电控特种头 M 轴采用伺服电动机集中驱动，并采用分离气阀实现分头控制，Z 轴和压脚升降电动机都是 42 步进电动机，并采用电动机驱动板分头驱动控制。

（2）特种头在工作时会根据当前绣作状态和机头红绿灯信号分别控制每个头 M 轴的离合。补绣时非补绣头 M 轴均不动作。

5.1.2.2 主要机型有 **PA** 型和 **PB** 型。

（1）PA 型盘带特点。M 轴电动机由伺服电动机集中控制。

摆幅和压脚电动机由 42 步进电动机控制，与集中式的区别在于每个 42 步进电动机都有单独的控制电路，并且可以根据当前的机头状态和绣作状态，各个机头分别做出相应的动作，而不是统一的动作。

（2）PB 型盘带特点。M 轴电动机也是由伺服电动机集中控制。与 PA 型相比每个特种头多出一个 M 轴分离气阀，可以很好地完成补绣功能。

PA 和 PB 机型的压脚以及 Z 轴电动机的驱动并未采用集中驱动方式，而是采用了机头板分头驱动。

5.1.2.3 半独立盘带绣电控系统的技术规格与应用范围

（1）特种头压脚功能和锯齿绣功能采用 42 步进电动机分头控制，特种绣机头在工作时会根据当前绣作状态和机头红绿灯信号分别控制压脚电动机和 Z 轴电动机。

（2）PA 型电控特种头 M 轴控制为伺服电动机集中控制；PB 型电控特种绣机头 M 轴控制为伺服电动机集中控制，并采用分离气阀实现分头控制。

（3）支持盘带绣、缠绕绣、锯齿绣、扁带绣。

（4）支持补绣功能。

（5）支持霍尔元件换色和电位器换色。

5.1.3 全独立式盘带绣

全独立盘带的每个机头的 M 轴、压脚和 Z 轴都由单独的电动机进行控制，每个机头的三个机构可以根据机头状态和当前的绣作状态分别做相应动作，参见图 5-9。

5.1.3.1 全独立盘带绣的特点

全独立盘带绣主要功能是可以根据当前的绣作状态和机头情况，完成对特种绣的 M

图 5-9　全独立式盘带绣机头

轴、Z 轴和压脚提升轴的分头控制，使用户的操作更加方便简捷。其具体特点如下：

（1）由于全独立盘带绣的压脚提升轴是用带编码器的 42 步进电动机进行控制，所以可以更加精确地控制压脚机构的位置，从而提高绣品质量。当关掉特种头机头开关时，压脚会自动提升至最高点。

（2）由于全独立盘带绣的 M 轴是用带编码器的 57 步进电动机进行控制，所以不论 M 轴在任何位置，都是带有保持力的，并且当有外力来干涉 M 轴的运动时，只要不使 M 轴偏离正确位置太远，则 M 轴都会自动回到正确的位置上。需要注意的是此种结构要求盘带绣的 M 轴传动机构应采用 1∶1 的分头传动机构。

（3）特种头机头开关，可以更加方便地控制 M 轴的转向。当关掉特种头机头开关时，M 轴会以最近的距离回到原点的位置。当打开特种头机头开关时，M 轴会以最近的距离回到当前 M 轴的工作点。

（4）特种头补绣时，每个 M 轴可以根据当前的机头状态独立旋转，到达绣作位置，避免了盘带绣料盘的绕线问题。

5.1.3.2　规格与适用范围

全独立盘带绣电控系统的 M 轴采用 57 带编码器步进电动机、压脚提升采用 42 带编码器步进电动机、摆杆采用 42 步进电动机，对盘带绣机头的三个机构分别进行分头控制。

5.1.3.3　全独立盘带绣电控系统的技术规格与应用范围

（1）特种头 M 轴采用 57 带编码器步进电动机、压脚提升采用 42 带编码器步进电动机、摆杆采用 42 步进电动机，特种头在工作时会根据当前绣作状态和机头红绿灯信号分别控制机头的 M 轴电动机、压脚电动机和摆杆（Z 轴）电动机。

（2）支持盘带绣、缠绕绣、锯齿绣及扁带绣。

（3）支持补绣功能。

（4）支持霍尔元件换色和电位器换色。

5.2　盘带绣电脑刺绣机机械结构和工作原理

盘带绣的机头，参见图 5-10 和图 5-11。从机械方面来讲主要包括三套动作机构，分别定义为 M 轴、Z 轴（摆杆）和压脚提升轴。

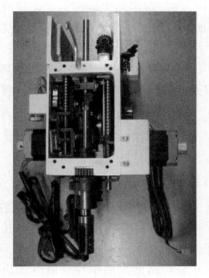

图 5-10　未安装的盘带绣机头

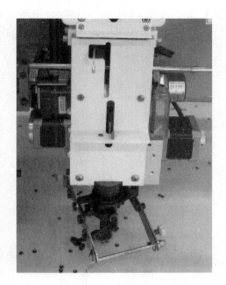

图 5-11　盘带绣机头

5.2.1　盘带机头压脚机械结构和工作原理

压脚提升轴顾名思义就是用来提升或放下压脚，参见图 5-12。

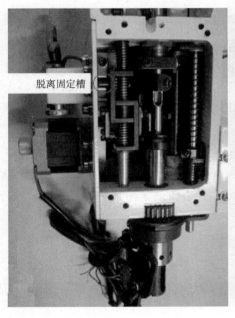

（a）

（b）

图 5-12　压脚上位与下位

压脚工作高度指的是每一针的绣作运动过程中，该压脚跟随主轴的运动而提升和下落的高度；压脚提升高度是指在非绣作状态时，压脚从其下点到上点的动作高度，又称为压脚限位高度，如图5-13所示。

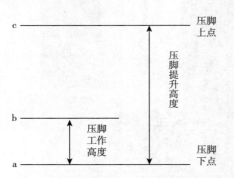

图 5-13　半独立式盘带绣压脚工作过程示意图

压脚轴根据使用的电动机和传动机构不同以及是否需要接近开关来定位而进行分类。

5.2.1.1　手动抬压脚

采用该种压脚提升实现方式，其压脚的工作高度由机械凸轮的旋转来实现，而压脚提升至限位高度由手动来实现。

5.2.1.2　单相交流电动机集中传动提升压脚

采用该种压脚提升实现方式，其压脚的工作高度由机械凸轮的旋转来实现，而压脚提升至限位高度采用单相交流电动机驱动压脚轴来集中传动实现。在压脚上点和压脚下点位置分别各安装一个接近开关来调整压脚的提升高度。在上点和下点位置电动机均无保持力。

5.2.1.3　步进电动机集中传动提升压脚

（1）安装一个接近开关来确定压脚上点的位置，压脚下点的位置由"机器参数"中的"压脚限位高度"的设置值来确定（该值设置为0~250有效）

（2）采用步进细分驱动器来驱动步进电动机，在上点和下点位置电动机均有保持力。

5.2.1.4　两相小步进电动机分头传动，无保持力，无接近开关

每个特种机头采用一个两相小步进电动机提升压脚，压脚工作高度和压脚提升至限位高度均由该步进电动机实现。压脚在上点和下点位置电动机都掉电而不具有保持力。不用接近开关定位上点和下点位置。机器上电时电控默认压脚处于下点位置，所以要求通电时，确定压脚确实处于下位。

5.2.1.5　两相小步进电动机分头传动，无保持力，无接近开关

（1）采用两相小步进电动机分散传动提升压脚的方式时，"压脚工作高度"在0~60内连续可调，注意该值不要设置太高，当其超过40时只能工作在主轴400r/min的工况下。"压脚限位高度"的设置值为0~250时有效。

（2）推荐使用额定电流300~500mA步进电动机。

5.2.1.6　采用气动分头传动，无接近开关

采用该种压脚提升实现方式，其压脚的工作高度由机械凸轮的旋转来实现，而压脚提升至限位高度采用气阀来分头传动实现。

5.2.2　盘带机头摆杆（Z轴）机械结构和工作原理

机头摆杆也称为Z轴，Z轴每一针或两针作一次来回摆动从而使花样形成锯齿形状，

如图 5-14 所示。

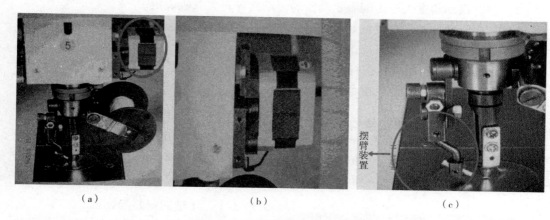

（a）　　　　　　　　　（b）　　　　　　　　　（c）

图 5-14　摆杆装置及 Z 轴电动机

Z 轴的安装调试相对简单些，如图 5-15 所示。

A、B 点分别为机械安装的左、右死点，在机械上已经固定了，剩下的就是使电动机正反转几次，可以使电动机停在 A 点或 B 点，最后把该电控点与机械点固定即可。O 点位于 A、B 的中间，因此可根据 A、B 的幅度确定 O 点位置。为了准确，此点的确定需反复调整。

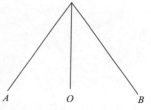

图 5-15　Z 轴安装示意图

Z 轴的根据控制方式不同，有以下两类：

5.2.2.1　步进电动机分头驱动，无须接近开关定位原点位置

该种机型特点是每个头都装有一个两相小 42 步进电动机，这两个两相小 42 步进电动机由一个步进驱动器集中驱动，安装调试注意事项如下：

（1）两相 42 步进电动机接线方式严格按照规定方式接线（平分两组，组内并联，组间串联），推荐使用额定电流 300~500mA 步进电动机，请仔细阅读步进驱动器 DIP 开关的含义和拨法。

（2）由于摆杆没有接近开关来为电控定位原点，所以摆杆的摆角必须由机械限位来保证，电控的参数"调整 Z 绣限位摆幅"设置范围为 20~80，对应的电动机摆动角度范围可以为 9°~72°；电控参数"调整 Z 绣摆幅"的设置值必须与摆杆的机械限幅一致，该参数每设置一次，摆杆就会摆动一次，利于调试。在"部件测试"菜单中还有辅助调试功能。

5.2.2.2　步进电动机集中驱动，需要接近开关定位原点位置

摆杆用接近开关来为电控定位原点，在电控通电时摆杆会自动回到接近开关指定的原定位置。

伺服驱动器驱动，需要接近开关定位原点位置。

（1）摆杆用接近开关来为电控定位原点，在电控上电时摆杆会自动回到接近开关指定

的原定位置。在"部件测试"菜单中还有辅助调试功能。

（2）摆杆摆动角度大小由伺服驱动器的传动比等有关参数决定。

（3）伺服驱动器的参数设置如下：

①指令脉冲输入方式选择：脉冲/符号形式。

②传动比参数设置条件：摆杆摆动一次，电控每次固定发送 120 个脉冲。

③摆动方向调整：设置"指令脉冲逻辑取反"参数。

5.2.3　盘带机头 M 轴机械结构和工作原理

M 轴是依靠每一针旋转一定的角度来跟踪针轨迹，使得在绣作时，绳或带始终处于针运动的正前方位置，如图 5-16 所示。

图 5-16　工作中的 M 轴

5.2.3.1　M 轴的安装与调试

全独立盘带绣机器基本调试步骤为：全独立 M 轴电动机是带编码器的 57 电动机。首先在菜单中作 M 轴点动操作，目的是使 M 轴电动机及编码器回电控原点，然后把机械原点固定。这样，电控原点就与机械原点一致了。同时在断电的情况下，旋转 M 轴，确保无机械死点，否则易造成 M 轴电动机过流。在菜单中选择"M 轴点动"和"手动"操作以测试 M 轴定位和动作是否正确，每按一次左或右方向键，M 轴旋转动 18°，点动回原点。另外，就是测试断电 M 轴是否有动作；通电 M 轴是否会回原点或是先回原点再到工作点。

5.2.3.2　M 轴伺服驱动器的参数设置

（1）指令脉冲输入方式选择：脉冲/符号形式。

（2）传动比参数设置条件：电控发送 500 个脉冲，绕线轮固定旋转一周。

（3）M 轴原点接近开关安装位置。M 轴原点的传感器采用接近开关，接近开关的安装位置是使得 M 轴按顺时针方向回原点时，绕线筒处在一条与 X 轴平行的直线上。

（4）M 轴回原点方向。M 轴回原点采用两种方式：一是以顺时针固定的方向回原点，二是以最近的距离方向回原点。

采用此种方法的主要好处是可以在最大程度上避免因为齿轮间隙的存在所造成的在位置上的误差，如图 5-17 所示。

5.2.3.3　M 轴手动操作调试 M 轴旋转方向

按点动键，在菜单中选"M 轴手动"功能项，按左移框键一次，M 轴顺时针旋转 18°，按右移框键一次，M 轴逆时针旋转 18°。如果 M 轴旋转的方向不正确，请重新设置"指令脉冲逻辑取反"参数；如果 M 轴旋转的角度不对，请重新设置与传动比相关的参数，如图 5-18 所示。

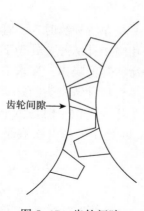

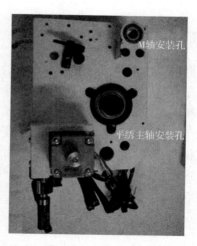

图 5-17　齿轮间隙

图 5-18　M 轴手动调试

5.3　盘带绣电脑刺绣机电控结构和工作原理

5.3.1　盘带机头时序分析和电路分析

　　盘带机头的时序是主控制器在主轴特定角位置将盘带角度发送给盘带信号转接板，并记录断线到达的角度，盘带控制板执行相应的动作。

　　主控板连接信号转接板，以控制盘带的 M 轴、Z 轴和压脚。系统框图如图 5-19 所示。

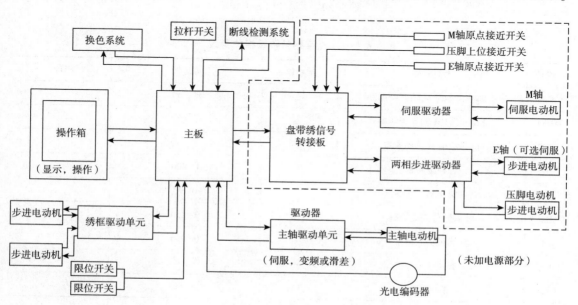

图 5-19　盘带绣控制系统框图

5.3.2　盘带绣断检系统

　　盘带绣断检系统实现了特种绣和平绣的自动切换,一是在特种绣时,不管平绣机头的补绣开关处于什么位置,机头指示灯都处于熄灭状态,相当于补绣开关处于下位;并且因为此时平绣机头与主轴完全脱离,为延长机头电磁铁寿命、降低噪声,要求平绣机头的电磁铁此时处于不工作的断电状态。二是在平绣时,同样不管特种绣机头的补绣开关处于什么位置,该机头指示灯都处于熄灭状态,相当于补绣开关处于下位,但是由于此时特种绣机头并没有完全脱离主轴,所以特种绣机头的电磁铁此时处于补绣开关在下位的工作状态,即锁头状态。

5.4　盘带绣相关电控参数调试方法

　　以大豪 BECS-C16A 机型为例,盘带绣相关电控参数如图 5-20、表 5-1 所示。

图 5-20　大豪 BECS-C16A

表 5-1　盘带绣特种绣相关参数

编号	参数名称	常用值	可选值	注释
C55	断线停车时 M 轴回原点	是	是，否	
C54	拉杆回退 M 轴是否转动	是	是，否	
C37	拉杆停车 M 轴回原点	是	是，否	
D28	特种绣头距	10	1~400	
D30	特种绣压脚工作高度	0	0~90	
D40	压脚限位高度调整	170	0~250	
B16	压脚最低点调整	0	0~255	
D31	Z 绣摆杆的原位	左	左，右	
D29	Z 绣限位摆幅	90	0~90	
C38	Z 绣时绣框的摆幅	0.2	−10.0~ −0.2，+0.2~+10	

续表

编号	参数名称	常用值	可选值	注释
D50	Z 绣摆幅调整	0	0~5	
D42	特种绣 M 轴角度补偿	0	0~10	
D44	M 轴退避角度	0	0，90	
C39	特种绣的剪线方式	不剪线	不剪线，剪下线，剪上下线	
C35	特种绣最高限速	400	300~700	
C51	特种绣最低限速	250	250~400	
C52	特种绣转速切换角度	30	1~180	
C53	特种绣的降速比例	1	1~4	
D39	Z 轴控制的切换角度	0	0~180	
D41	摆杆起动角度调整	3	1，2，3	
C36	左卷绣及右卷绣比例	1 针/圈	1~4 针/圈	
D47	卷绣时是否降速	是	是，否	

5.4.1　集中式盘带绣调试

5.4.1.1　M 轴的安装与调试

M 轴的机械执行结构中有带离合器装置的，该离合器装置的离合动作由电气阀来自动控制，特点是在补绣结束后，M 轴会自动顺时针旋转 72°，然后再逆时针旋转 144°，最后再顺时针旋转 72°。该机型的最大优点是能够实现补绣时只有补绣头的 M 轴在动作，非补绣头静止不动，有利于提高补绣质量和效率。M 轴的机械执行结构由伺服电动机来驱动，其型号主要有松下伺服驱动器和三洋伺服驱动器两种。伺服驱动器的设置主要包括指令脉冲输入方式选择、传动比参数和指令脉冲逻辑取反等功能性参数设置及其他与机械结构有关的性能参数设置。

（1）伺服驱动器的参数设置。

①指令脉冲输入方式选择：脉冲/符号形式。

②传动比参数设置条件：电控发送 500 个脉冲，绕线轮旋转一周。

（2）M 轴原点。

①接近开关安装位置。M 轴原点的传感器采用接近开关，接近开关的安装位置是使得 M 轴按顺时针方向回原点时，绕线筒处在一条与 X 轴平行的直线上。

②M 轴回原点方向。M 轴回原点采用两种方式：一是以顺时针固定的方向回原点，二是以最近的距离方向回原点。

（3）M 轴手动操作调试 M 轴旋转方向：按点动键，在菜单中选"M 轴手动"功能项，按左移框键一次，M 轴顺时针旋转 18°，按右移框键一次，M 轴逆时针旋转 18°。如果 M 轴旋转的方向不正确，请重新设置"指令脉冲逻辑取反"参数；如果 M 轴旋转的角度不对，请重新设置与传动比相关的参数。

注意：M 轴只有在当前针位在一针位时，也就是在特种头针位时才有手动操作功能。

5.4.1.2 Z 轴的安装与调试

集中式盘带绣机型的 Z 轴采用伺服电动机集中驱动，需要接近开关定位原点位置。该种机型特点是摆杆用接近开关来电控定位原点，在电控通电时摆杆会自动回到接近开关指定的原定位置；在"部件测试"菜单中还有辅助调试功能；摆杆摆动角度大小由伺服驱动器的传动比有关参数决定；伺服驱动器的参数设置如下：

（1）指令脉冲输入方式选择：脉冲/符号形式。

（2）传动比参数设置条件：电控每次固定发送 120 个脉冲。

（3）摆动方向调整：设置"指令脉冲逻辑取反"参数。

5.4.1.3 与提升压脚轴相关的操作

特种头压脚的工作过程示意图如图 5-13 所示（压脚工作高度指的是每一针的绣作运动过程中，该压脚跟随主轴的运动而提升和下落的高度；压脚提升高度是指在非绣作状态时，压脚从其下点到上点的动作高度，又称其为压脚限位高度）。

集中式盘带绣机型采用主轴联动抬压脚方式，其压脚的工作高度由机械凸轮的旋转来实现，而压脚提升至限位高度由控制板通过控制主轴离合器实现。

5.4.1.4 机器相关参数设置说明

（1）特种绣最高限速设置：按辅助方式 ⌨ 键，按数字键 7，按翻页 ⌨ 或 ⌨ 键，根据电脑提示，按数字键或按 ⇧ ⇩ 键将光标指向"特种绣最高限速"，按 ✆ 键确认进入，按 ⇧ ⇩ 键将数字调整至所需数值，按 ✆ 键确认，完成设置。

（2）特种绣头距。

（3）调整 Z 绣摆幅：0~80，操作同上。该参数设置值必须与摆杆的机械限幅一致，机器出厂后无须改动！

（4）特种绣压脚工作高度：0~60，操作同上。该压脚工作高度指的是每一针压脚需要提升的高度。

（5）左卷绣及右卷绣比例：1~4，操作同上。该参数可改变缠绕绣的缠绕疏密程度；如设置值为 2 时，指的是每两针缠绕一圈。

（6）拉杆停车 M 轴回原点：是 \ 否；操作同上。

（7）特种头是否剪下线：不剪线 \ 剪下线 \ 剪上下线，操作同上。

（8）Z 绣时绣框的摆幅：−9.0~+9.0，操作同上。该参数用于 Z5 绣作方式，适用于粗绳；对于粗绳的绣作，Z5 绣作方式是通过框架的摆动来补偿摆杆摆幅的不足；根据绣作绳的粗细程度来设置该参数的绝对值大小，其正负号的设置是根据机器结构而定，设置原则是使摆杆的摆动方向和框架的摆动方向一致，如果发现绣框与摆杆摆动方向不一致，请改变该正/负号。

（9）拉杆回退 M 轴是否转动：是/否，操作同上。

（10）特种绣最低转速：250~400，操作同上。该参数是设置 M 轴降速时的最低速度。

（11）特种绣转速切换角度：0~180，操作同上。该参数是设置 M 轴的需要降速的最小旋转角度，推荐值为 30。

（12）特种绣的降速比例：1~4，操作同上。该参数是设置 M 轴的降速快慢程度，值越大速度降得越快。

（13）断线停车时 M 轴回原点：是/否，操作同上。

（14）摆杆原位：左\右。摆杆原位指的是 M 轴在原点的位置时摆杆在机头的左边位置还是右边位置，该参数的设置必须和机械位置一致。

（15）Z 轴控制的切换角度：（0~180）当 M 轴转动角度大于该设置角度时，Z 轴摆动速度相对提高。

（16）摆杆起动角度调整：1、2、3。

（17）压脚限位高度调整：（0~250）。该压脚限位高度指的是压脚能够提升的最大高度。

5.4.2　半独立式盘带绣调试

5.4.2.1　M 轴的安装与调试

M 轴的机械执行结构是带离合器装置的，该离合器装置的离合动作由电气阀来自动控制，特点是在补绣结束后，M 轴会自动顺时针转 36°，然后再逆时针转 72°，最后再顺时针转 36°。该机型的最大优点是能够实现补绣时只有补绣头的 M 轴在动作，非补绣头静止不动，有利于提高补绣质量和效率。M 轴的机械执行结构由伺服电动机来驱动。伺服驱动器的设置主要包括指令脉冲输入方式选择、传动比参数和指令脉冲逻辑取反等功能性参数设置及其他与机械结构有关的性能参数设置。

（1）伺服驱动器的参数设置。

①指令脉冲输入方式选择：脉冲/符号形式。

②传动比参数设置条件：电控发送 500 个脉冲，绕线轮旋转一周。

（2）M 轴原点。

①接近开关安装位置。M 轴原点的传感器采用接近开关，接近开关的安装位置是使得 M 轴按顺时针方向回原点时，绕线筒处在一条与 X 轴平行的直线上。

②M 轴回原点方向。M 轴回原点采用两种方式：一是以顺时针固定的方向回原点，二是以最近的距离方向回原点。

（3）M 轴手动操作调试 M 轴旋转方向：按点动键，在菜单中选"M 轴手动"功能项，按左移框键一次，M 轴顺时针旋转 18°，按右移框键一次，M 轴逆时针旋转 18°。如果 M 轴旋转的方向不正确，请重新设置"指令脉冲逻辑取反"参数；如果 M 轴旋转的角度不对，请重新设置与传动比相关的参数。

注意：M 轴只有在当前针位在一针位时，也就是在特种头针位时才有手动操作功能。

5.4.2.2　Z 轴的安装与调试

半独立盘带机型的 Z 轴采用步进电动机分头驱动，不需要接近开关定位原点位置。

安装调试注意事项：由于摆杆没有接近开关来电控定位原点，所以摆杆的摆角必须由机械限位来保证，注意摆杆的机械限幅必须与电控参数"调整 Z 绣摆幅"设置值一致。在"部件测试"菜单中有辅助调试功能。

5.4.2.3 与提升压脚轴相关的操作

特种头压脚的工作过程示意图如图 5-15 所示（压脚工作高度指的是每一针的绣作运动过程中，该压脚跟随主轴的运动而提升和下落的高度；压脚提升高度是指在非绣作状态时，压脚从其下点到上点的动作高度，又称其为压脚限位高度）。

半独立盘带机型压脚提升实现方式是每个特种机头采用一个两相小步进电动机来提升压脚，其压脚的工作高度和压脚提升至限位高度均由该小步进电动机来实现。压脚在下点位置电动机断电而不具有保持力。压脚在上点位置电动机带电而具有保持力。不用接近开关来定位上点和下点位置，机器通电时电控会自动将压脚提升至上点。

5.4.2.4 机器相关参数设置说明

（1）特种绣最高限速设置：按辅助方式 ⌨ 键，按数字键 8，按翻页 ⌨ 或 ⌨ 键，根据电脑提示，按数字键或按 ⇧ ⇩ 键将光标指向"特种绣最高限速"，按 ⌨ 键确认进入，按 ⇧ ⇩ 键将数字调整至所需数值，按 ⌨ 键确认，完成设置。

（2）特种绣头距。

（3）调整 Z 绣摆幅：0~6，操作同上。

（4）特种绣压脚工作高度：0~6，操作同上。

该压脚工作高度指的是每一针压脚需要提升的高度。

（5）左卷绣及右卷绣比例：1~4，操作同上。

该参数可改变缠绕绣的缠绕疏密程度；如设置值为 2 时，指的是每两针缠绕一圈。

（6）拉杆停车 M 轴回原点：是/否，操作同上。

（7）特种头是否剪下线：不剪线/剪下线/剪上下线，操作同上。

（8）Z 绣时绣框的摆幅：−9.0~+9.0，操作同上。

该参数用于 Z5 绣作方式，适用于粗绳；对于粗绳的绣作，Z5 绣作方式是通过框架的摆动来补偿摆杆摆幅的不足；根据绣作绳的粗细程度来设置该参数的绝对值大小，其正负号的设置是根据机器结构而定，设置原则是使摆杆的摆动方向和框架的摆动方向一致，如果发现绣框与摆杆摆动方向不一致，请改变该正/负号。

（9）拉杆回退 M 轴是否转动：是/否，操作同上。

（10）特种绣最低转速：250~400；操作同上。该参数是设置 M 轴降速时的最低速度。

（11）特种绣转速切换角度：0~180，操作同上。该参数是设置 M 轴的需要降速的最小旋转角度，推荐值为 30。

（12）特种绣的降速比例：1~4，操作同上。该参数是设置 M 轴的降速快慢程度，值越大速度降得越快。

（13）断线停车时 M 轴回原点：是/否，操作同上。

（14）摆杆原位：左/右。摆杆原位指的是 M 轴在原点的位置时摆杆在机头的左边位置还是右边位置，该参数的设置必须和机械位置一致。

（15）Z 轴控制的切换角度：0~180，当 M 轴转动角度大于该设置角度时，Z 轴摆动速度相对提高。

（16）摆杆起动角度调整：1、2、3。

（17）压脚限位高度调整：0~250。该压脚限位高度指的是压脚能够提升的最大高度。

5.4.3 全独立式盘带绣调试

与集中式和半独立式相比，M 轴可以与机头状态配合更加灵活，并且今后可完成隔头绣等更复杂的绣作。

压脚电动机带编码器，可以实现下死点高度随布料的厚度进行调整，提高绣品质量。

对摆幅来讲，此种控制方式在机械配合的情况下，目前可以支持由电控来自动调整摆幅的角度。

5.4.3.1 M 轴的安装调试

全独立盘带绣与前几代盘带绣最大的区别就在于 M 轴，该机型 M 轴是各个机头均有一个 57 带编码器步进电动机对该机头进行控制，不需要接近开关定位原点位置。

该机型的最大优点是能够实现补绣时只有补绣头的 M 轴在动作，非补绣头静止不动，有利于提高补绣质量和效率，并且在特种头关闭和打开机头时，M 轴可以回到相应的位置点。

全独立盘带绣 M 轴可以分为以下两类：

第一类，带离合器装置机型。该机型的最大优点是能够实现补绣时只有补绣头的 M 轴在动作，非补绣头静止不动，有利于提高补绣质量和效率。在补绣结束后，M 轴会自动顺时针转 72°，然后再逆时针转 144°，最后再顺时针转 72°（具体旋转角度与机械有关）；这样做是为了更好地使各分离机头扣合上。

第二类，不带离合器装置机型。目前 M 轴都采用伺服电动机集中驱动，其型号主要有松下伺服驱动器和三洋伺服驱动器两种。伺服驱动器的设置主要包括指令脉冲输入方式选择、传动比参数和指令脉冲逻辑取反等功能性参数设置及其他与机械结构有关的性能参数设置。

（1）M 轴原点。M 轴机械原点与电气原点的对位问题。由于 M 轴采用 57 带编码器步进电动机进行控制，所以其机械原点位置应该与编码器零位相重合，重合后的效果应该达到 M 轴回原点时，绕线筒处在一条与 X 轴平行的直线上。

在设计 M 轴的传动机构时，应考虑方便微调 M 轴机构问题，以达到所有绕线筒都能处在一条与 X 轴平行直线上的效果。

（2）M 轴手动操作调试 M 轴旋转方向。按点动键，在菜单中选"M 轴手动"功能项，按左移框键一次，M 轴顺时针旋转 18°，按右移框键一次，M 轴逆时针旋转 18°。如果 M 轴旋转的方向不正确，说明 M 轴电动机线接反，请调整相应 M 轴电动机线和编码器的接线；如果 M 轴旋转的角度不对，在电路板没有问题的前提下，说明 M 轴的传动机构有问题，应做相应的调整。

注意：M 轴只有在当前针位在一针位时，也就是在特种头针位时才有手动操作功能。

5.4.3.2 摆杆（Z 轴）的安装与调试

全独立盘带机型的摆杆（Z 轴）采用步进电动机分头驱动，不需要接近开关定位原点位置。

安装与调试注意事项：由于摆杆没有接近开关来定位原点，所以摆杆的摆角必须由机械限位来保证，注意摆杆的机械限幅必须与电控参数"调整Z绣摆幅"设置值一致。在"部件测试"菜单中有辅助调试功能。

5.4.3.3　压脚轴的安装调试

全独立盘带机型的压脚轴采用带编码器步进电动机分头驱动，不需要接近开关定位原点位置。

全独立盘带绣特种头压脚的工作过程示意图如图5-21所示（压脚工作高度指的是每一针的绣作运动过程中，该压脚跟随主轴的运动而提升和下落的高度；压脚提升高度是指在非绣作状态时，压脚从其下死点到上死点的动作高度，又称其为压脚限位高度；压脚最低点调整是指压脚正常工作时降到最下端距离压脚下死点的距离，此参数主要是为了配合不同绣品，需要进行相应的调整）。

全独立盘带机型压脚提升实现方式是每个特种机头采用一个两相小步进电动机来提升压脚，其压脚的工作高度和压脚提升至限位高度均由该小步进电动机来实现。值得注意的是压脚轴在任何位置点均具有保持力。不用接近开关来定位上点和下点位置，机器通电时电控会自动将压脚提升至上点。

（1）全独立盘带绣机器压脚的安装与调试步骤如下：

压脚电动机是带编码器的小42步进电动机，使得压脚运动的下死点可调。首先在菜单中选择"提升压脚"，使电动机及编码器回电控原点，把机械原点与之固定即可。需要说明的是如果电控的上点（原点）与机械的上死点只存有较小的空间时，就可以不使用弹簧，以免增大电动机负载；若有较大的空间，则应使用弹簧，以免电动机找不到原点。压脚有以下三个范围可调，如图5-22所示。

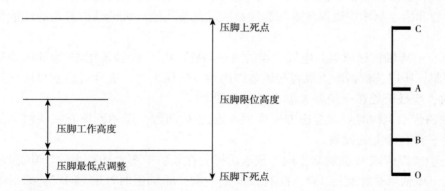

图5-21　全独立盘带绣压脚工作过程示意图　　图5-22　全独立盘带绣压脚可调范围

其中OB是根据布料薄厚程度来调整的，可以调整"压脚工作高度"这个参数对其进行调节。AB为压脚工作范围，OC为压脚提升高度。工作时压脚电动机在0~110°和250°~360°与主轴电动机保持一致，在其他角度压脚步动作。安装后应确保无死点。最后测试通电、移框、换色时压脚是否会提升。

（2）压脚轴原点。

①压脚轴机械原点与电气原点的对位问题。由于压脚轴采用 42 带编码器步进电动机进行控制，所以其机械原点位置应该与编码器零位相重合。按照设计，其机械原点应该在压脚机构的上死点位置，安装完毕后，当压脚轴电动机回原点时，压脚应该回到机构上死点的位置。

注意：压脚轴机械原点与电气原点处于对位时，一定要保证安装后，压脚上死点的上端不再留有能有过大上升的空间（对应电动机角度为 18°），否则将出现电动机无法正常运转的现象。最好能保证压脚轴机械原点与电气原点对位在压脚上的死点上。

②压脚轴具体的调试步骤：

a. 执行提升压脚的指令后，此时压脚电动机应该处于电气原点的位置。

b. 把机构调整到上死点的限位点，并把电动机轴与机构固定好。

c. 根据机械设计的压脚限位高度，改变电脑中的"压脚限位高度"值之后，执行降压脚指令后，应使压脚与下死点限位重合，如果不重合应该改变"压脚限位高度"值进行调整。

d. 根据当前的绣作要求，改变"压脚最低点调整"值。

5.4.3.4　机器相关参数设置说明

（1）特种绣最高限速设置：按辅助方式 ⌐ 键，按数字键 8，按翻页 ⌐ 或 ⌐ 键，根据电脑提示，按数字键或按 ⬆⬇ 键将光标指向"特种绣最高限速"，按 ⌐ 键确认进入，按 ⬆⬇ 键将数字调整至所需数值，按 ⌐ 键确认，完成设置。

（2）特种绣头距。根据实际特种绣头距离设置数值参数。

（3）调整 Z 绣摆幅：20~80，操作同设置说明（1）。该参数设置值必须与摆杆的机械限幅一致，机器出厂后无须改动！

摆幅电动机动作角度为"设定值×0.9"度。参数设为其他值与参数设为 0 的效果一样。

（4）特种绣压脚工作高度：0~60，操作同设置说明（1）。该压脚工作高度指的是每一针压脚需要提升的高度。

压脚电动机动作角度为"设定值×0.9"度。参数设为其他值与参数设为 0 的效果一样。

（5）压脚限位高度调整：0~250。该压脚限位高度指的是压脚能够提升的最大高度。

（6）压脚最低点调整是指压脚正常工作时降到最下端距离压脚下死点的距离。

（7）左卷绣及右卷绣比例：1~4，操作同设置说明（1）。该参数可改变缠绕绣的缠绕疏密程度；如设置值为 2 时，指的是每两针缠绕一圈。

（8）拉杆停车 M 轴回原点：是\否，操作同设置说明（1）。

（9）特种头是否剪下线：不剪线\剪下线\剪上下线，操作同设置说明（1）。

（10）Z 绣时绣框的摆幅：−9.0~+9.0，操作同设置说明（1）。该参数用于 Z5 绣作方式，适用于粗绳；对于粗绳的绣作，Z5 绣作方式是通过框架的摆动来补偿摆杆摆幅的不足；根据绣作绳的粗细程度来设置该参数的绝对值大小，其正负号的设置是根据机器结构而定，设置原则是使摆杆的摆动方向和框架的摆动方向一致，如果发现绣框与摆杆摆动方向不一致，请改变该正/负号。

（11）拉杆回退 M 轴是否转动：是/否，操作同设置说明（1）。

（12）特种绣最低转速：250~400，操作同设置说明（1）。该参数是设置 M 轴降速时的最低速度。

（13）特种绣转速切换角度：0~180，操作同设置说明（1）。该参数是设置 M 轴的需要降速的最小旋转角度，推荐值为 30。

（14）特种绣的降速比例：1~4，操作同设置说明（1）。该参数是设置 M 轴的降速快慢程度，值越大速度降得越快。

（15）断线停车时 M 轴回原点：是/否，操作同设置说明（1）。

（16）摆杆原位：左\右。摆杆原位指的是 M 轴在原点的位置时摆杆在机头的左边位置还是右边位置，该参数的设置必须和机械位置一致。

（17）Z 轴控制的切换角度（备用）：0~180，当 M 轴转动角度大于该设置角度时，Z 轴摆动速度相对提高。

（18）摆杆起动角度调整（备用）：1、2、3。

5.5　盘带绣电脑刺绣机常见故障和解决方法

5.5.1　绣作盘带或锯齿绣时 M 轴不跟踪或跟踪不到位

（1）可能原因：M 轴接近开关与 M 轴距离远或损坏，伺服驱动器参数设置错误，M 轴与电动机之间没安装紧，编码器到伺服电动机信号线过长（导致信号衰减失真严重）。

（2）解决方法：查看 M 轴接近开关，伺服驱动器参数，M 轴与电动机装紧，更换较短信号线。

5.5.2　M 轴电动机超时

（1）可能原因：M 轴接近开关坏或安装位置不当，M 轴驱动器坏，驱动器供电电压没有或不够（或 DIP 设置不正确），主板问题等，带接近开关检测压脚上点的机器，当压脚抬不上去时，亦会报此错。

（2）解决方法：正确安装接近开关，更换 M 轴驱动器（或正确设置 DIP 开关），更换主板。确定压脚抬升时无障碍。

5.5.3　驱动器过流

（1）可能原因：Z 轴电动机公共端与驱动器接错，驱动器输出电流大（或驱动器故障），Z 轴电动机坏。

（2）解决方法：将电动机公共端接驱动器 U 端，调整驱动器输出电流到与电动机数相匹配（或更换驱动器），更换 Z 轴电动机。

5.5.4　M 轴跑位

（1）可能原因：漏电；如 M 轴能返回原点，则检查伺服电动机与 M 轴顶丝、皮带是否松动打滑。

（2）解决方法：更换顶丝或皮带。

5.5.5　在作 Z 绣时包不到绳

（1）可能原因：M 轴跟踪不到位，Z 轴幅度太小。

（2）解决方法：检查 M 轴位置是否正确，拨叉应在行进方向；检查 Z 摆动行程是否够大，如果太小应调整参数。

5.5.6　M 轴、压脚电动机报过流

（1）可能原因：电动机线和编码器线的连接有问题，机械原点与电气原点没有对准，机械负载过重，电路板出现故障，电动机出现问题。

（2）解决方法：检查电动机线和编码器的连接，将机械原点与电气原点对准，减轻机械负载，排除电路板的故障，排除电动机故障。

5.5.7　M 轴、压脚电动机不工作

（1）可能原因：机头信号线接错，电路板出现故，电动机出现问题。

（2）解决方法：正确接线，排除电路板故障，排除电动机故障。

5.5.8　Z 轴电动机不动或往返角度不一样；平绣头切换到特种头时报特种头超时

（1）可能原因：这种情况一般是软件问题。

（2）解决方法：查看硬件连接是否插好（确保软件插座每个脚与芯片连接良好），必要时重新刻录软件。

5.5.9　通电后液晶屏闪/烧步进驱动器保险/主板信号灯暗亮

（1）可能原因：步进电动机线被压破与机架导通造成短路。

（2）解决方法：逐头查找破损线，重新接线。

5.5.10　功率管过载烧坏

（1）可能原因：机械安装不当导致电动机堵转，M 轴负载过重。

（2）解决方法：检查电流大小、电动机阻值的一致性，电动机的个数要与驱动器的设置一致。

5.5.11 开机后操作头不亮（查小电压短路方法）

（1）可能原因：开关电源输出端有短路，开关电源故障，主板故障，保险烧毁。

（2）解决方法：将所有信号断开，测量开关电源输出电压是否正常，若不正常更换开关电源；逐个插上插头（包括接近开关、直接输入插头等），等插到某一根线缆操作头熄灭时，说明该根线缆有短路，应及时更换保险。

5.5.12 译码板等板件烧坏

（1）可能原因：漏电，断线检测板坏。

（2）解决方法：检查供电的每一路电压是否正常，逐一查找断检板是否正常。

复习思考题

1. 盘带绣电控机型有哪几种？

2. 盘带绣有哪几种绣作方式？它们有什么区别？

3. 盘带绣有几个轴？它们是什么？分别有什么作用？

4. 压脚轴有哪几种？分别是什么？

5. Z 轴的控制方式有哪几种？

6. M 轴的作用是什么？

7. 盘带机头的控制时序是什么？

8. 盘带绣断检系统有什么作用？

9. M 轴离合器装置的离合动作由电气阀来自动控制，有什么特点？

10. M 轴电动机超时如何解决？

第6章

绗缝绣电脑刺绣机

绗缝，按《辞海》给出的解释，绗缝是用长针缝制有夹层的纺织物，使里面的棉絮等固定。而"绗绣"是指绗缝和刺绣的结合体，绗绣机既可以实现绗缝功能又可以进行绣花操作。

目前市场上常见的多针绗绣机，按照送料机构的不同又可分为气框绗绣机和滚筒绗绣机。目前国内市场以滚筒绗绣机为主。

近两年随着人们生活水平的提高，对家纺产品，特别是对高档家纺产品的需求也越来越大，中国家纺加工行业有了迅猛的发展，家纺产品制作中绗绣机、绣花机的应用越来越广泛。绗绣机的市场需求呈明显增加的趋势。

绗绣机虽然不是一个新兴的机型，但是在过去其产品主要是指被子、床垫等普通床上用品，其针迹组合简单，面料较厚，传统飞梭型绗缝机更具有优势，受此影响，绗绣机发展一直比较缓慢。但是近几年来，随着人们对生活品质的追求不断提高，相关产品逐渐延伸到床垫、沙发面料、手袋、箱包、鞋帽、服装等各类产品，结合了刺绣功能的绗绣机以其更高的绣作精度，更加丰富的针法效果逐渐获得了市场的认可。随着越来越多的厂家推出绗绣机型，市场竞争也在逐渐加剧。

滚筒绗绣机因其送料机构负载较重、惯量大，其送料机构驱动系统均采用伺服控制系统。此前绗绣机均是采用进口伺服系统，其高额的售价和后期维护费用严重制约了厂家的利润空间，也制约了滚筒绗绣机的应用。

根据结构，滚筒绗绣机可以分为普通绗绣机（图6-1）和侧向绗绣机（图6-2）。普通绗绣机主要绣作沿布纵向较长的花样，侧向绗绣机则针对绣作沿布横向较长的花样。两者的主轴电动机也有区别：普通绗绣机的机头和旋梭共用一个主轴电动机，侧向绗绣机由于机械结构原因，机头和旋梭各用一个主轴电动机，两个电动机在机器通电时同步进行。

图6-1 普通绗绣机

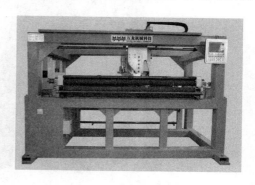

图6-2 侧向绗绣机

绗绣绣作产品如图 6-3～图 6-9 所示。

图 6-3　绗绣床上用品

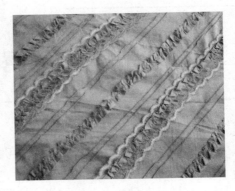

图 6-4　绗绣布艺

图 6-5　绗绣皮具（一）

图 6-6　绗绣皮具（二）

图 6-7　绗绣面料加工的羽绒服

图 6-8　绗绣汽车用品（一）

图 6-9　绗绣汽车用品（二）

6.1　绗缝绣电脑刺绣机机型介绍

　　市场上有几种常见的绗缝绣机型，其中比较典型的是大豪益达电控和在此基础上研发的大豪 BECS-D17 绗缝绣电控。本节以 BECS-D17 为例进行介绍。

　　大豪公司推出 D17 绗绣机电控系统代替原来的益达绗绣机电控系统。D17 电控主板增加倍频动框脉冲功能，可以使滚筒动作更平缓。另外，公司还进行了一系列的软硬件更新升级以满足绗绣机的产品需求。

6.1.1　系统构成及选型

6.1.1.1　电控系统

　　（1）电控：D17 大豪绗绣机电脑控制系统。

　　（2）驱动器：大豪益达和大豪的伺服驱动器（少量通用伺服）。

6.1.1.2　断检系统

　　断检板为新开发的专用机头板，并配套光耦检测板。

　　针位：本断检要求针位必须为第 1 针位。由于无须换色，所以无须安装针位置板，但是需要有针位信号。

　　和普通绗绣机相比，侧向绗绣机断检板的程序的主要区别为开机时断检板需要锁住机头。这是因为，侧向绗绣机的机头和旋梭各用一个主轴电动机，开机时进行同步才能正常使用，在同步之前落针可能会打到旋梭。

6.1.1.3　电气连接

　　请根据绗绣机系统框图确认连线正确，如图 6-10 所示。

6.1.2　D17 功能说明

6.1.2.1　刺绣机基础功能

　　D17 绗缝绣电控是在平绣基础上开发的，其基础功能参见平绣部分。

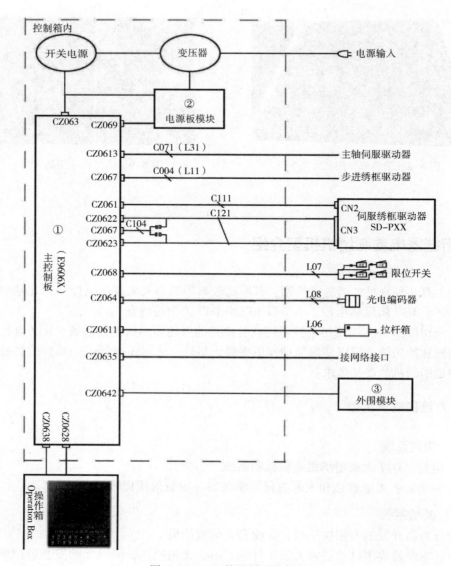

图 6-10 D17 绗缝绣系统框图

6.1.2.2 绗绣功能

（1）拐角补偿功能，补偿范围为 0.0~1.0mm。花样有 90°左右的拐角时，可以通过软件对拐角进行补偿，补偿值可通过显示设置。

（2）绗绣边界自动锁头功能。可通过显示设置：在绣作时，X 向超过边界之后关闭左侧或右侧的机头，每侧最多可关闭两个机头。

（3）动框角度扩展。由于机械结构的原因，D17 的动框角度范围扩展为 230°~330°。

（4）非绗缝花样是否继续提示功能。当且仅当 $EX=0$，判断花样为绗缝花样。如果非绗缝花样，并在显示中设置继续绣作"否"，那么显示会提示，当前花样非绗缝花样；而且每绣作一次停车一次，同时进行提示。如果非绗缝花样，单在显示中设置继续绣作

"是"，则不提示，不停车。

（5）统计信息有绗缝专用计量单位换算。绗缝长度和累计长度单位可以选"米"或者"码"，可在显示中切换。

（6）预计产能功能。绗缝机可以根据当前的绣作速度和花样的 Y 向长度计算出机器的产能，并进行显示。

（7）卷布距离微调功能，范围是 -5000.0~5000.0mm。这是针对侧向绗绣机的功能。侧向绗绣机绣完一幅布之后需要越框，换上新布。越框时可以在原有越框距离基础上手动增减，以使花样恰好连接，不重叠或留空。

（8）气阀操作功能。大岛机械生产的侧向绗绣机安装了一些气阀，这个功能是专门为其开发的。侧向绗缝机有六个气阀，分别控制剪刀、面夹、压布、拉布气缸，包括手动和自动控制。

每个机头上安装一个剪线气缸，由剪刀气阀统一控制，气缸先伸出，缩回时将面线勾回，同时剪断。每两个机头安装一个面夹，打开时将面线夹紧，关闭时放开面线。剪线动作为：主轴转到零位后停止，伸出剪刀；然后主轴转到 220° 位置，缩回剪刀，剪断面线，随后打开面夹夹紧面线；主轴再次转到零位，之后关闭面夹放开面线。

左右两侧对称，各有两个拉布气缸（两侧）和一个压布气缸（中间），分别由一个拉布气阀和一个压布气阀控制。手动操作时：先落下压布气缸，约 1s 延迟后，拉紧绣布；放开绣布时先松开拉布气缸，经过约 1s 延迟后（也可同时动作）抬起压布气缸。自动动作顺序如下：越框或者跳针之前，松开拉布气缸，然后抬起压布气缸；越框或者跳针结束后，落下拉布气缸，延迟约 1s 拉紧绣布。

6.2　绗缝绣电脑刺绣机机械结构和工作原理

绗绣机的机械结构主要分为两类：普通绗绣机和侧向绗绣机。

6.2.1　普通绗绣机机械结构和工作原理

普通绗绣机外观如图 6-11 所示。Y 轴由一个电动机控制六个辊子。在机器的前面，有两个紧贴在一起卷布的辊子，打开张力开关之后，可以同时压紧和拉紧绣布。卷布的辊子与 Y 轴辊子是通过弹簧连接的，绣框沿 X 轴运动时，卷布辊子运动较 Y 轴辊子滞后。

机器的后面有四个卷布辊子，可以装绣布或者棉花，通过 Y 轴辊子夹紧在一起绣起来。每个辊子都装有电动机，可以分别拉紧，如图 6-12 所示。

6.2.2　侧向绗绣机机械结构和工作原理

侧向绗绣机也有不同的机械结构，有不剪线的机型、通过气阀控制剪线等辅助结构的机型、机头和滚筒都可以在 Y 轴方向移动的机型以及单针多线的机型等。下面以大岛机械包含气阀机构的机型为例进行介绍。

（a）   （b）

图 6-11　普通绗绣机绣框

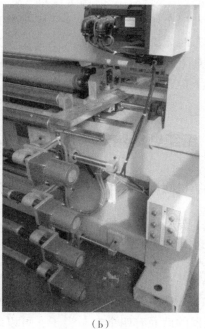

（a）   （b）

图 6-12　普通绗绣机卷布机构

　　本机的主轴使用一个驱动器同时控制两个电动机：机头一个电动机，旋梭一个电动机，两个电动机同步转动，如图 6-13 所示。每次上电时，两个电动机都需要转动进行同步，但是电动机的位置未知，针头可能打到旋梭。为了防止碰撞，应在机头上安装码盘，如图 6-14 所示。一半有刻度，一半是空的，其后面安装接近开关。通过接近开关信号的有无来判断先转动机头电动机，还是先转动旋梭电动机。接近开关线接到主轴驱动器。在这个码盘的对侧安装普通的码盘，如图 6-14 所示。根据机械安装情况，主轴的零位在 75°。

图 6-13　侧向绗绣机主轴电动机

图 6-14　侧向绗绣机主轴码盘

另外，通电时两个主轴电动机同步，打出机头电磁铁，锁住机头，如图 6-15 所示。

这种机器可以装配两副罗拉，安装两套机头，如图 6-16 所示。其罗拉相当于绣框 Y 轴，滚动罗拉就是移动 Y 轴。机头只能沿垂直于 Y 轴的方向运动，即 X 轴。也有其他的

图 6-15　侧向绗绣机机头

机型，罗拉滚动的同时，机头也可以沿 Y 轴运动：越框时罗拉动作，绣作时机头动作，布的张力更稳定，对绣品的品质更有利。

图 6-16　侧向绗绣机罗拉 1

机器前后两侧各有三个罗拉，组成 Y 轴，如图 6-17 所示。布交替缠绕在三个罗拉上，同时把表面做成毛面，防止打滑。所有六个罗拉由一个电动机通过皮带和齿轮控制，同步转动。

图 6-17 侧向绗绣机罗拉 2

在绗缝机背面设有两个分开的卷布辊，分别由两个电动机控制，分别可以卷布，如图 6-18 所示。通过图中的两个黑色旋钮可以调节松紧。

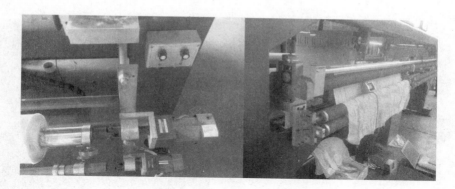

图 6-18 侧向绗绣机卷布辊

X 轴是一个电动机通过皮带带动上、下两个螺纹螺杆，如图 6-19 所示，分别带动机头和旋梭同步运动。接线安装在拖链里。

图 6-19 侧向绗绣机 X 轴

侧向绗缝机设有气阀，分别控制剪刀、面夹、左右拉布气缸和压布气缸，使用工厂的高压空气作为气源。这些气阀可以在操作头上进行手动操作，同时均可自动动作，如图6-20所示。

每个机头上安装有一个剪线气缸，由剪刀气阀统一控制，气缸先伸出，缩回时将面线勾回，同时剪断（图6-21）。每两个机头安装一个面夹（图6-22）。打开时将面线夹紧，关闭时放开面线。

左右两侧对称，各有两个拉布气缸（两侧）和一个压布气缸（中间），分别由一个拉布气阀和一个压布气阀控制，如图6-23所示。

图6-20　侧向绗绣机控制气阀

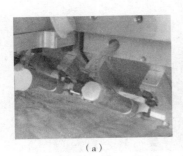

（a）

（b）

图6-21　侧向绗绣机剪线机构

图6-22　侧向绗绣机面夹机构

图 6-23　侧向绗绣机压布和拉布气缸

6.3　绗缝绣电脑刺绣机相关电控参数调试方法

以大豪 BECS-D17 机型为例，绗绣机电控参数见表 6-1，D17 与大豪 BECS-C16A 的操作头相同，参见图 5-22。

表 6-1　绗绣机电控辅助参数

编号	参数名称	常用值	可选值	注释
AP100	是否显示预计产能	是	否，是	显示每小时可以绣作的长度
AP101	是否以 m 为单位	是	否，是	选择长度单位是 m 或者码
绣框参数				
C74	X 方向动框角度 A	245	230~330	适用于全伺服高速机
C75	X 方向动框角度 B	250	230~330	同上
C76	Y 方向动框角度 A	245	230~330	同上
C85	Y 方向动框角度 B	250	230~330	同上
机器配置及维护参数				
D45	X 绗缝间隙补偿	0.2	0~1.0	
D46	Y 绗缝间隙补偿	0.3	0~1.0	
绗缝相关参数				
	自动停车时的绗绣米数	0.0	0.0~100.0	绣作到设定长度，自动停车
	X 拐角补偿值	0.0	0.0~1.0mm	拐角补偿 X 方向的长度

编号	参数名称	常用值	可选值	注释
	Y 拐角补偿值	0.0	0.0~1.0mm	拐角补偿 Y 方向的长度
	输入检测针位			功能暂未启用，适用于每个针位多条线的机型
	卷布距离微调	0.0	−5000.0~5000.0mm	卷布时越框距离调整（在原有越框距离基础上加减）
	压布气阀动作时间	0	0~5s	功能暂未启用
	机器绣作模式	直线模式	曲线模式、直线模式	功能暂未启用
	一幅之内罗拉送布	是	否，是	功能暂未启用
	送布时是否落针	是	否，是	功能暂未启用
	非绗缝花样是否继续	是	否，是	如果非绗缝花样且此项选"否"，结束点位置停车报警

6.3.1　电气连接及位置伺服参数设置

（1）电气连接。请根据系统框图确认连线正确。

（2）位置伺服参数设置。修改位置伺服驱动器地址，请将 X 方向驱动器地址设为 01，Y 方向驱动器地址设为 02，重新通电确保修改生效。

6.3.2　参数设置

（1）初始化系统参数，位置为"辅助管理"→"设定机器参数"→"初始化系统参数"。

（2）恢复驱动器默认参数，位置为"辅助管理"→"调试伺服绣框的 X 和 Y 参数"→"输入密码"→"恢复默认驱动器参数"，然后请确认电子齿轮比是否符合机器配置。

（3）检查系统参数是否符合机器配置要求，如果有特殊要求请修改相关参数，然后重新通电。

6.3.3　基本调试流程

（1）铺好布料，确保布料拉紧平整。

（2）在布料中间位置铺一张 A4 纸，推荐在对应针位换上 8 号针。

（3）"断检检测"设为"否"，"是否暂时关停剪线"设为"是"。

绣作特定花样，该花样为 2~7mm 的往返针迹，绣作完成后观察往返针孔是否对齐，根据绣作方向判断调头一针是走多了还是走少了，调整对应的伺服参数值，然后再次绣作观察调整后效果，直到符合要求。

图 6-24 为一个扎纸花样绣作的示意图，以 Ⓑ 相对于 Ⓐ 的位置作说明，图中箭头为绣作方向，相应的调整方法见表 6-2。

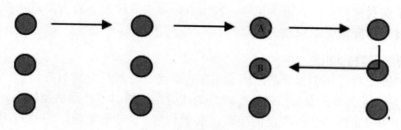

图 6-24　扎纸花样绣作示意图

表 6-2　扎纸花样绣作调整表

相对位置	判断结论	参数现状	调整方法
Ⓑ 和 Ⓐ 对齐	标准	合适	无须调整
Ⓑ 在 Ⓐ 左侧	走多了	参数偏大	减小参数值
Ⓑ 在 Ⓐ 右侧	走少了	参数偏小	增大参数值

6.3.4　调试经验技巧

6.3.4.1　机械回差补偿

一般情况下，所有机器都会有回差，所以伺服驱动器参数界面下的回差补偿值可以设为 20，然后再扎纸调试其他参数。

6.3.4.2　整体参数调节

如果扎纸效果显示所有针长的调头趋势一致，都偏大或偏小，可以通过整体参数调整来改善扎纸效果，该参数的功能为给所有其他参数同时增减。

6.3.5　绣品调试

6.3.5.1　一般绣品问题及成因

绗绣机一般没有剪线装置，又不能频繁跳跃在布料上留下很长的悬空线迹，这就需要经常在已经绣过的线迹上进行二次绣作，从而达到过渡位置隐藏线迹的效果。这种二次绣作又称作回差重针或者叠针，叠针效果是衡量绗绣机性能的一个重要指标。

叠针问题主要是由于针迹调头时位移不准确造成的，绝大部分情况是掉头针迹走少，也有少数情况是调头针迹走多。

6.3.5.2　调头针迹走少的原因

由于绗绣机的布料不是像刺绣机一样拉紧后固定在滚筒上，所以在运动中由于布料的拉伸就会产生滚筒到位而布料不到位的情况，即滚筒运动 1cm，而布料运动 0.8cm 的情况，这种情况通常发生在滚筒掉头即布料反向时，就会造成叠针不能重合的问题。

6.3.5.3 调头针迹走多的原因

有时由于布料材质特性，很少拉伸，且位置伺服参数过大，就会造成走多的情况，也同样会造成叠针不能重合的现象。

6.3.5.4 叠针问题的调试

首先要判断出叠针不能重合的原因是走多还是走少，然后分别对待。

（1）调头针迹走少的情况。调头针迹走少就应用绗绣回差补偿功能解决，回差补偿就是弥补由于调头时布料拉伸所少走的距离（参数位置："辅助管理" → "设定金片绣、特种绣、气框绣参数" → "绗缝 X/Y 方向补偿"），应用该功能时，首先需要确认补偿的方向，如果花样简单，可以直接观察绣作效果。如果花样比较复杂，可以采用补偿后观察效果的方法，即先补偿一个方向，然后观察刺绣效果，如果叠针效果好转说明正确，如果效果更差，则说明补偿趋势错误，需从新调整。注意在试补偿时不要一下增加补偿值太多，否则即使趋势正确也有可能出现补偿过超问题，应该一点一点增加。

（2）调头针迹走多的情况。调头针迹走多就减小位置伺服参数值，最好通过"整体参数调整"减小参数，这样不同针长一致性比较好，可以应用测试花样绣作效果（扎纸或直接绣作均可）。

（3）降速调试法。有时针迹很复杂，调试非常困难，这时可以采用先降低性能调试，然后再逐渐恢复性能的方法。例如一个花样在 700r 绣作出现叠针问题，经调试总是不能改善，此时可以先将转速降低到 500r 甚至更低，此时效果一般都会有所改善甚至消失，然后逐渐增加转速，以 50r 或者 100r 为一级，逐级调试，直到恢复到 700r。

（4）其他注意事项。叠针调试首先要注意布料的张力，一定要将布料拉紧，否则很难保证叠针效果。其次是布料的材质，并非所有花样都能在任何布料上绣作，有些花样对布料材质要求较高，尤其是布料的密度，有些需要加底衬一起绣作才行，调试遇到困难时最好事先确认一下布料和花样是否在其他机器上绣作过。

6.4 绗缝绣电脑刺绣机常见故障和解决方法

6.4.1 通电时 Y 向跑位

通电时，控制滚筒的伺服电动机锁轴会滞后一段时间，而前后拉布电动机通电同时立即动作，由于这个时间差的存在，可能会造成通电时布料被 Y 向拉动一段距离，一般情况下可以采用给拉布电动机增加延时开关的方法解决。如果没有延时开关，则可以通过调节拉布电动机力度的方式缓解，既调节拉力旋钮使正反拉布电动机力度保持平衡。

6.4.2　绣做中滚筒/丝杠单方向或双方向不动作

一般情况下该情况是由于伺服系统过载所致，驱动器显示"F 05"或"F 08"，关机 2min 重新通电即可恢复正常。然后根据以下流程操作：

（1）提高伺服系统过载保护值，将参数"PA21"提高到"70"，将参数"PA22"提高到"50"，重新通电即可。

（2）如果调整参数后绣作一段时间再次出现报错情况，请适当降低刺绣转速 50 ~ 100r，从而防止过载情况发生。

（3）如果依然有过载报错情况，则可能由于机械或者电气故障所致，则需要求助于技术人员解决。

6.4.3　绣作时机器振动较剧烈

绗缝绣的辊子质量比较大，绣作时容易引起机器一起振动。主要有以下原因：

（1）机械问题，检查装配和安装情况。

（2）绣作时绣框动作过猛，调整优化动框曲线，使动作更加平缓、连续。

6.4.4　主轴电动机超时

（1）检查编码器是否正常工作，接线是否正确，如果确认编码器损坏，则需更换编码器。

（2）编码器信号可能受到其他信号干扰，可在信号线上套上磁环进行屏蔽。

（3）由于绗缝绣进行循环绣作，所以对花样有特殊的处理。可以检查绣作花样和软件的配合，通过制板软件检查针码，排查花样影响。

6.4.5　断线率高

这是个综合性问题，解决起来也比较复杂和烦琐，主要从以下几个方面着手：

（1）调整伺服参数：主要是调整增益参数。

（2）调整动框角度：根据绗缝绣机械零点位置，调整动框角度，可以通过软件拓宽角度范围。

（3）调整机械：检查旋梭的情况，如有问题可以更换；适当加厚绣布或者夹层，厚料绣作起来更容易。

（4）调整动框曲线：优化动框曲线，调整曲线长度等。

复习思考题

1. 滚筒绗绣机的两种机型分别是什么？它们有什么区别？
2. 绗缝产品主要有哪些？
3. 侧向绗绣机开机时，断检板为什么要锁住机头？

4. 请简述卷布距离微调功能。

5. 侧向绗绣机的拉布气缸和压布气缸动作顺序是什么？

6. 侧向绗绣机都有哪些机型？

7. 参数"自动停车时的绗绣米数"有什么作用？

8. 导针叠针问题的原因是什么？

第7章

家用电脑刺绣机

家用电脑刺绣机机架形状如马头，故业内又称其为马头机，这种机型结构占地面积小，具有绣幅大、功能全、低能耗、易搬运等优点。刺绣精度方面能够满足打样及一般绣品的要求，与桥式绣花机基本无差，在能耗方面仅为桥式绣花机的1/3。结构简单，维修方便，全开放式机壳便于维修及排查分析故障源。体积小，包装及运输费用低，对于客户来说保修期后设备出现故障可以返厂维修，解除了售后问题难以解决的后顾之忧。

7.1 家用电脑刺绣机机型介绍

市场上有多种常见的家用刺绣机机型，其中比较典型的是大豪 BECS-A15 家用机电控。

家用电脑刺绣机包含其他结构绣花机功能，且支持成品衣物及筒状位置的刺绣，支持亮片、绳绣等特种绣功能，只需选购装置便可实现多针迹组合刺绣。支持与电脑连接同步管理绣制过程及花样传输。该机型优势对比明显，是商业领域、家用纺织品、工作室打样首选机型，家用机结构如图 7-1 所示，图例说明见表 7-1。

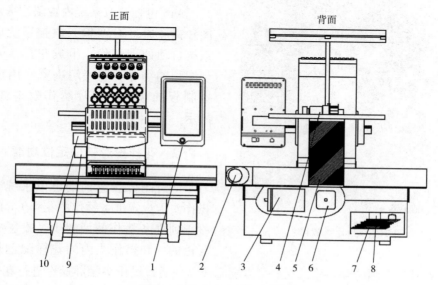

图 7-1　BECS-A15 机型示意图

表 7-1　图例说明

序号	名称	备注
1	操作箱	A15-B104H（1.2M）； A15-B104H（1.5M）；A15-B104H（1.8M）
2	X 方向步进电动机	57 步进电动机
3	Y 方向步进电动机	86 步进电动机
4	换色步进电动机	42 步进电动机
5	A15 机型电控箱	A15-BH 单头机控制箱，A15-KH 单头机控制箱
6	主轴电动机	SM70-00525-01，SM70-00525-02
7	机头控制板	PC2220B
8	剪线步进电动机	42 步进电动机
9	勾线步进电动机	42 步进电动机
10	机头跳跃步进电动机	42 步进电动机

7.2　家用电脑刺绣机特色功能

市场上有多种常见的家用电脑刺绣机机型，其中比较典型的是大豪 BECS-A15 集成一体化电控。本节以 BECS-A15 为例进行介绍。

图 7-2　照片绣效果

7.2.1　图片绣功能

A15 电控具有系统内置图片绣功能，将图片文件通过 U 盘输入电控系统后，电控系统自动处理图像，生成花样，可立即实现图片的绣作。彻底解决家庭用户不会专业制板的烦恼。照片绣作效果如图 7-2 所示。

7.2.2　花样投影辅助定位功能

通过图像投影辅助定位系统，可以将操作头上设定准备绣作的花样 1∶1 的比例，投影到准备绣作的面料上。投影的花样是彩色的，和操作头内的花样配色是完全相同的逼真效果。在刺绣开始前，用户可以随心所欲地通过操作头触屏操作进行花样的上下左右移动、旋转、缩放，实时改变花样在面料上的位置。拉杆刺绣后就会在投影的位置进行绣作。

花样投影辅助定位功能彻底解决了非专业用户操作绣花机时，绣作开位等专业操作不熟悉、定位不准的难题。所见即所得实现傻瓜式操作，让家庭用户也能立即体验刺绣的乐趣。花样投影辅助定位效果如图 7-3 所示。

（a）

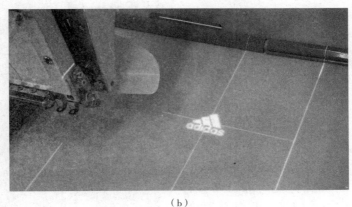

（b）

图 7-3　花样投影辅助定位效果

7.3　家用电脑刺绣机相关电控参数调试方法

以大豪公司 A15 家用机电脑控制系统为例，系统主要功能基于平绣功能，支持金片

图 7-4　A15 操作头

绣、简易绳绣、激光切割、热切割等多种附加装置，操作头如图 7-4 所示。

7.3.1　换色调试

本系统目前所支持的模式为步进电动机换色模式，换色定位依靠步进电动机同轴安装的电位器。安装前将电位器与步进电动机分离。

安装步骤如下：

（1）主轴到位的情况下，转动换色手轮将当前刺绣针位转到针杆架的中间针位。（12 针机器转到第 6 或第 7 针位，15 针机器转到第 8 针位）。

（2）找到换色手轮左右晃动 15°左右，针杆架保持不动的位置。

（3）机器位置确定后，转动电位器，观察主界面当前针位显示值，为"空"时代表非有效针位，1~15 表示相应的针位，当数字显示与实际针位相符时，将电位器与换色电动机连接，锁紧。

7.3.2　断线检测功能的调试

断线检测功能的调试也是电控系统与机械配合中很重要的一部分，其安装调试效果直接关系着断线报警的灵敏度。在电控系统中同样为断线检测功能提供了调试菜单：按 ▭ 进入系统设置菜单，选择"调试"→"断检"菜单。界面如图 7-5 所示。

通用单头机，进入断线检测调试界面后，此时机头断检灯变为红灯绿灯交替闪烁，手动转动所在针位对应的检测栅轮，如果安装正确，断检灯将变为绿灯常亮，否则还是为红绿灯交替闪烁，此时必须检测断检线路板与栅轮的相对位置是否安装正确，或者连接栅轮的机械部件是否灵活（可以在机器穿线后，手动连续拉线判断机械零件安装是否合适）。分别按 ▭ ▭ 按钮可以换色到各个针位进行每个针位的检测。

各针位必须都进行逐一检测，否则个

图 7-5　检测功能界面

别漏检针位有可能断线报警故障。栅轮与线路板的安装示意图如图 7-6 所示。

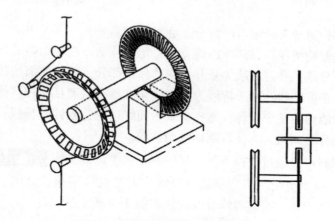

图 7-6　栅轮与线路板的安装示意图

7.3.3　勾线部分的调整

勾线刀的伸展部分以能勾到线为准，勾线刀前端内侧部分应该钝且光滑，避免因为锋利或者有毛刺导致断线。同时，勾线刀的连杆机构能够伸缩自如，在安装好之后，可以保证手动推出勾线刀后，在弹簧的作用下勾线刀能够自动复位，勾线刀如图 7-7 所示。

7.3.4　机头跳跃电动机部分的调整

机头跳跃电动机带动的拨叉与电动机通过扭簧连接后，需要保证在手动扳出拨叉后，拨叉能够通过扭簧在没有外力的条件下自动复位。扭簧的扭力不宜过大，否则将会导致机头跳跃电动机因克服负载后的力矩不足以克服扭簧力矩而造成步进电动机丢步。在保证其他机械结构安装正确的前提下（如针杆位置），机头跳跃电动机的正确安装位置应当保证在跳针动作或者停车时，压脚无抖动，并且没有异常噪声。机头跳跃电动机拨叉示意图如图 7-8 所示。

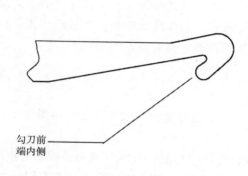

勾刀前
端内侧

图 7-7　勾线刀

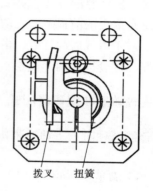

拨叉　扭簧

图 7-8　机头跳跃电动机拨示意图

7.3.5 剪刀部分的调整

剪刀机构主要分为动刀和定刀两部分，在剪线过程中起主导作用的为动刀部分。A15 机型所配套的家用电脑绣花机目前为内剪方式，定刀与动刀在静态时靠近旋梭箱内部，剪线时动刀向外打开分线，动刀分线尖分开面线的保留部分，动刀前部的凹槽则带着被剪的面线划向定刀，直至剪断线。由于剪线刀分线的角度是有限而且比较严格的，剪刀若是在角度之前动作则可能剪断整个线环，造成剪线后面线过短，起针时掉线；剪刀若是在角度之后动作，则可能分不到线，无法剪断面线而拉布。

剪刀动作的调整可以通过电控系统提供的调试菜单进行：按  进入系统设置菜单，选择"调试"→"剪线"→"剪线电磁铁＼电动机"菜单，点击"test"按钮一次，剪刀进行开刀、合刀动作一次，剪线分线位置如图 7-9 所示。

图 7-9　剪线分线位置图

7.3.6 扣线叉的调整

扣线叉位置调整的好坏在剪线和剪线后起针时起着关键作用。扣线叉的位置在保证不阻碍梭芯正常取出的前提下，在动作时必须能够保证扣进旋梭，这样在剪线时就有利于面线的分线。对于剪线后起针时，由于留在绣布上的面线比较松，扣线动作则可以使面线在绣布上张紧。综合以上两个因素，扣线叉的调整是至关重要的。

7.3.7 主轴转速和编码器测试

执行该测试项时，主轴转速和编码器测试菜单如图 7-10 所示，主轴以 80r/min 的速度运行。

OPL 必须满足 50~60 的范围，否则应更换挡片或检查电动机驱动板是否损坏。

APL、BPL 必须满足 2000±4 范围，否则应更换主轴电动机或检测编码器插头是否可靠连接。

可以通过菜单中的 +10/−10、+50/−50、+100/−100 来调整转速，"设定转速"与"检测转速"之间的误差应小于 20r。主轴转动任意角度测试如图 7-11 所示。可以通过菜单中的按钮设定角度。

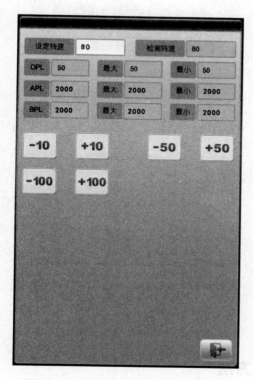

图 7-10　主轴转速和编码器测试菜单

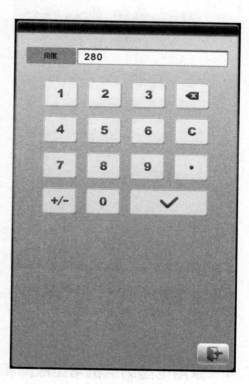

图 7-11　主轴转动任意角度测试界面

按 ✓ 键执行操作后，主轴以 80r/min 的转速运行到设定角度。

7.3.8　机头电磁铁电动机测试

点击"上"按钮，机头电磁铁/电动机执行打出动作。点击"下"按钮，机头电磁铁/电动机执行收回动作。点击"组合测试"按钮，机头电磁铁/电动机执行打出、收回动作。测试界面如图 7-12 所示。

7.3.9　面线夹持测试

点击进入面线夹持测试界面，点击"开始"按钮，面夹电磁铁执行打出动作。点击"结束"按钮，面夹电磁铁执行收回动作。测试界面如图 7-13 所示。

图 7-12 机头电磁铁电动机测试界面

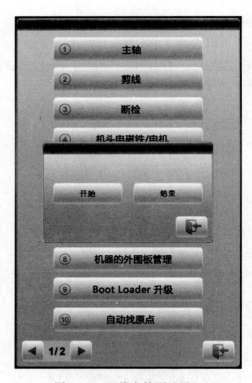

图 7-13 面线夹持测试界面

7.4 家用电脑刺绣机常见故障和调试方法

家用电脑刺绣机的常见故障和解决方法如表 7-2 所示。

表 7-2 常见故障和解决方法

错误代号	错误内容	解决方法
EC05	钩线不在原位	
EC07	钩线超时	
EC08	刺绣确定灯未亮而拉杆	刺绣确认花样
EC09	回退到头又拉回退杆	
EC10	回退到头又拉回退杆	
EC11		
EC12	停车不到位	手动转动主轴手轮到100°位置。调整"停车位置补偿"参数
EC13	绣框越限	设置了"设置绣框的软件保护"参数,且动框过程中超过了设定范围。可以根据情况解除该参数→选择绣框类型"无"

续表

错误代号	错误内容	解决方法
EC14	主控板内存部分丢失	
EC16	步进电动机异常	（1）检查绣框机械上是否卡死 （2）绣框电动机是否损坏
EC17	换色超时	（1）检查换色电动机是否转动 （2）如能转动，检查换色电位器是否损坏或与换色电动机脱轴
EC18	换色半回转异常	（1）通过换色手轮校准针位 （2）换色电位器是否损坏或与换色电动机脱轴
EC19	针位置异常	（1）通过换色手轮校准针位 （2）换色电位器是否损坏或与换色电动机脱轴
EC20	主轴电动机超时	（1）检查电动机是否能够转动 （2）进入"主轴调试"菜单，查看当前具体报错类型
EC21	换色越限	检查换色电位器是否损坏，"机型针数"参数设置是否正确
EC22	主轴电动机反转	
EC23	暂不允许正绣	
EC24	暂不允许回退	
EC26	剪线不在原位	检查是否机械原因或剪刀回位点检测传感器损坏
EC36	金片在下位	在手动操作菜单里选择"金片抬起"，将装置抬起后再进行操作
EC37	拉杆开关错误	
EC38	特种头动作超时	
EC41	内存中文件不存在	重新操作或重新通电后再操作或执行"内存花样总清"
EC42	内存目录已满	删除部分花样
EC43	内存空间已满	删除部分花样
EC44	文件分配表错	重新操作或重新上电后再操作或执行"内存花样总清"
EC45	文件目录错	重新操作或重新上电后再操作或执行"内存花样总清"
EC46	物理扇区有损坏	更换磁盘
EC95		
EC101	传输 CRC 错误	
EC104	包头错误	
EC114	剪线控制板未反馈	检查剪线电动机是否有动作
EC160	向下读文件超时	
EC161	向上读文件超时	

续表

错误代号	错误内容	解决方法
EC162	高速空走前进同步超时	解除刺绣，重新开始
EC163	高速空走回退同步超时	解除刺绣，重新开始
EC164	未设置原点	
EC165	刺绣中，不能设置原点	任意选择一个花样，刺绣确认，再解除
EC166	绣框或主轴电动机错误	

复习思考题

1. 家用电脑刺绣机的特点是什么？
2. 请简述图片绣的电控实现流程。
3. 花样投影辅助定位功能能够解决什么类型的问题。
4. 绣框越限应如何处理？

第8章

刺绣制板系统与网络管理系统

8.1 刺绣制板系统

在手工刺绣时代，依靠刺绣技师丰富的想象与娴熟的技巧，普通的绣线被赋予了生命，以各种针法变幻出栩栩如生的人物、花鸟及风景。制板软件的出现，使得电脑绣花机大规模自动刺绣成为可能。制板软件通过图形处理方面的技术，能够根据输入的图形与选择的针法，自动生成所需要的针迹数据，因而设计人员可以把精力放到构图、配色、细节处理这些更高层次的设计工作中，从而极大提高了制板效率。

8.1.1 刺绣制板系统功能介绍

刺绣制板软件系统是电脑刺绣机的花样设计系统。按照设计者的设计意图在电脑上设计出可以为刺绣机识别的文件，通常称为"花样"。花样输入刺绣机电控系统后经过处理，控制刺绣机运转，绣出设计者设计的图案。刺绣机制板软件系统不仅为电脑刺绣机提供花样，花样文件中还包含非常丰富的信息，可以根据刺绣加工的需要，为机器提供特殊的控制命令，以便电脑刺绣机更准确、更高效，并以更加丰富的工艺进行工作，刺绣制板系统界面如图8-1所示。

图 8-1　刺绣制板系统界面

8.1.2 刺绣机制板系统操作基础

以大豪 emCAD 制板系统为例，该系统提供了丰富的设计功能。在输入法方面，整合了经典的等宽缎带、变宽缎带、辐射缎带以及线型针、复合填充、文字绣、轮廓绣等。针法上已经支持平包针、锯齿针、榻榻米、E 型、主题花纹、多金片、简易毛巾、直线针、周线针、螺纹针、周线螺纹针等。针法效果实现了自动下缝、智能拐角、短针步调整、自定义分割等特效。用户利用输入工具生成对象后，也可通过整形工具和针迹编辑工具，方便地进行对象修改操作。所有生成的对象可在对象列表中浏览，用户能够很直观地调整对象属性。而针迹列表中有全部针迹清单，便于用户进行分析。除此之外，还有许多显示与操作方面的辅助功能，如针迹巡航、缩略图和模拟刺绣等。

8.1.2.1 复合填充

通过创建复杂的有洞的闭合图形，软件可智能地产生针迹自动绕开内部的区域，可以填充平包针、榻榻米等针法或者主题花纹填针，复合填充效果如图 8-2 所示。

8.1.2.2 锯齿边缘

利用锯齿功能可使动物的皮毛与鸟的羽毛或者花瓣的效果更加自然。如果手动实现锯齿功能要花费很长时间，现在可以一步完成。锯齿边缘处理效果如图 8-3 所示。

图 8-2　复合填充效果图　　　　　　图 8-3　锯齿边缘处理效果图

8.1.2.3 自定义拐角

通过自定义拐角属性可以调整拐角处的处理结果。目前支持两种拐角效果，包括斜角接缝拐角与帽状拐角，自定义拐角效果如图 8-4 所示。

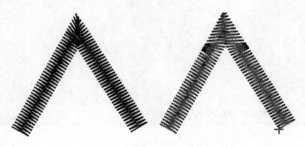

图 8-4　自定义拐角处理效果图

8.1.2.4 周线针填充

从轮廓的一边到轮廓的另一边渐渐填充，区别于传统的填充方法。周线针填充效果如图 8-5 所示。

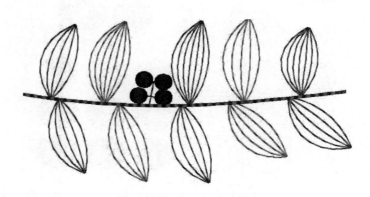

图 8-5 周线针填充效果图

8.1.2.5 水平与垂直拷贝

指定水平与垂直的拷贝距离之后，可以通过方向键在上下左右四个方向快捷的复制，水平与垂直拷贝效果如图 8-6 所示。

8.1.2.6 碎片填充

在闭合的区域内，随机填充一条等距的波浪线运行针，并且使波浪线填满闭合区域。碎片填充效果如图 8-7 所示。

图 8-6 水平与垂直拷贝效果图

图 8-7 碎片填充效果图

8.1.2.7 矩阵复制

可以按照圆或者矩形方式复制一系列对象。矩阵复制效果如图 8-8 所示。

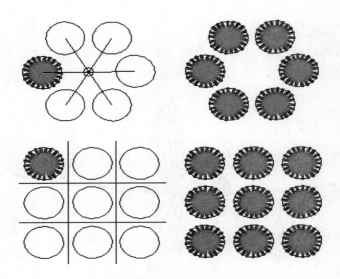

图 8-8　矩阵复制效果图

8.1.3　大豪刺绣制板系统特色功能

　　大豪 emCAD 刺绣制板系统最大的特色是金片绣辅助打板功能，除了多种金片输入方法外，还提供了多种金片花样的编辑方法，使制作修改多金片花样更加轻松，优化的超大多金片花样的处理能力，使编辑修改超大金片花样如同普通花样一样方便，大大方便了客户生产应用。

8.1.3.1　手动金片功能

　　使用手动金片功能，可以在手动针迹的基础上任意放置不同规格的金片，在输入点的过程中同时设置要放置的金片规格，使制作不规则的金片更加轻松。手动金片功能编辑效果如图 8-9 所示。

图 8-9　手动金片功能

8.1.3.2　自动运行金片功能

　　使用自动运行金片功能可以在一条曲线上放置具有一定规则的金片，并且可以设置放置的金片规格、固定线的款式、金片的密度，使制作具有一定规则的金片不需要手动来完成，软件会根据输入的轮廓线自动地生成金片。自动运行金片功能编辑效果如图 8-10 所示。

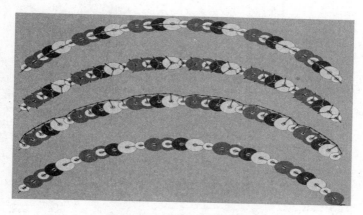

图 8-10　自动运行金片功能

8.1.3.3　金片编辑功能

　　使用金片编辑功能，可以把一种规格的金片转变为其他规格的金片。或者根据一定的规则转变为一系列规格的金片，呈现复杂的金片效果。金片编辑效果如图 8-11 所示。

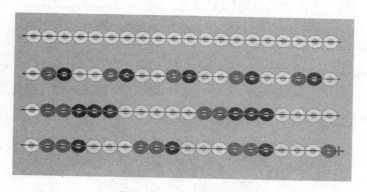

图 8-11　金片编辑功能

8.1.3.4　对象金片转换功能

　　使用对象金片转换功能可以批量地把对象中的金片码转换成其他的金片码。无须选择要转换的金片针迹。对象金片转换功能编辑效果如图 8-12 所示。

8.1.3.5　金片纹理功能

　　使用金片纹理功能，可以实现按照绘制的矢量图的轮廓来设置不同的金片码，使金片的图案与矢量图匹配。金片纹理编辑效果如图 8-13 所示。

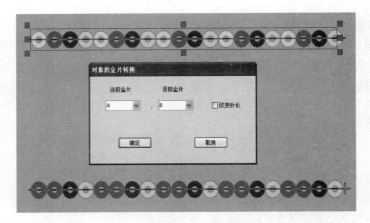

图 8-12　对象金片转换功能

图 8-13　金片纹理功能

8.1.3.6　多种输入法、多种针法支持金片的填充

支持多种内制输入法的榻榻米、E 型针等针法对于金片填充的支持使制作特殊图形的金片填充更加简单。功能金片填充编辑效果如图 8-14 所示。

图 8-14　多功能金片填充功能

8.1.3.7　金片双面绣

　　运用金片双面绣功能可方便设计正反面不同图案的金片花样。金片双面绣功能编辑效果如图 8-15 所示。

图 8-15　金片双面绣功能

8.1.3.8　玻璃珠

　　刺绣玻璃珠一般要将其放倒在布料上，所以它的定位与普通珠片不同，可以通过设置珠子高度，正确显示珠子的位置从而完成刺绣。玻璃珠功能编辑效果如图 8-16 所示。

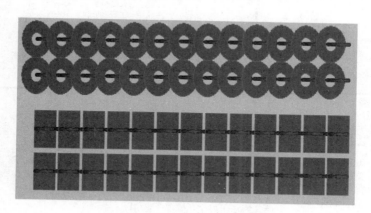

图 8-16　玻璃珠功能

　　刺绣机制板系统可以多种方式的拷贝花样使排板更加快捷。同时系统具有对于超大多金片花样的处理能力，使编辑修改超大金片花样如同普通花样一样方便。从而极大方便了客户的生产应用，支持锁式毛巾绣、玻璃散珠绣、十字绣等最新特种刺绣加工的打板需求，完善的照片绣功能，通过输入图片即可自动生成针迹，基本实现即拍即绣功能。

8.2 刺绣网络管理系统

刺绣机网络管理系统采用多项业界领先的智能化技术，是智能化的网管软件，包含设备管理、配置管理、故障和工作状态管理、花样管理、报表统计、多用户安全管理、订单管理、资源管理（人、设备、物料、客户需求）等功能。

刺绣机网络管理系统提供的翔实报告更能帮助用户制定合理的生产策略并付诸实施，防范敏感数据泄漏，引导员工合理使用刺绣机，从而提升生产效率。

8.2.1 刺绣网络管理系统功能介绍

刺绣网络管理系统采用了多项业界领先的网络化、智能化技术，是未来工厂的发展趋势。产品包含机器管理、花样管理、现场管理、工资计算、决策支持、订单管理等多项功能，将多种资源进行信息融合，提供给管理者一个智能化的网络管理平台，让工厂管理变得更简单、流畅并且透明。系统拓扑如图8-17所示。

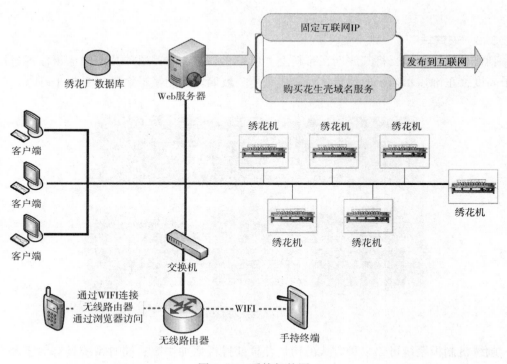

图 8-17　系统拓扑图

8.2.2 刺绣网络管理系统的无线连接

通过无线模块系统能完美地把机器与智能工厂系统连接起来。无线模块系统包括"无线智能网关"和"无线传输模块"，它是一种适用于工业智能化及工厂复杂无线环境下的高速率无线传输模块。该无线模块支持最大 600kbps 的高速数据接入，并支持在复杂和多干扰工厂环境内使用，通过独特的频率规划及频段选择功能确保在工厂环境下高密度部署的数据可靠传输。

　　相比传统的网线连接方式，刺绣网络管理系统大大减少了工作量，并且不受车间内机器摆放位置的影响，挪动机器不再受到网线的限制，买卖机器和重新规划车间，不再有后顾之忧。无线传输模块连接如图 8-18 所示。

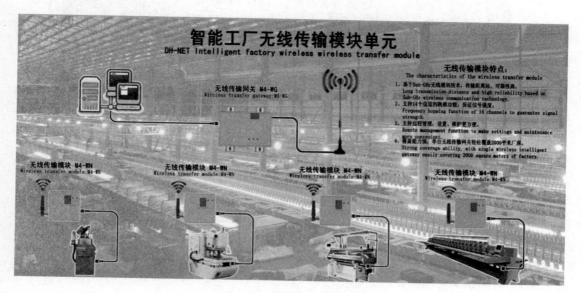

图 8-18　无线传输模块连接

8.2.3　大豪智能工厂网络管理系统

　　DH-NET 大豪智能工厂网络管理系统是北京大豪科技股份有限公司开发的一套智能工厂解决方案。公司致力于缝制、针纺行业设备电控系统开发与研究，系统依托于公司多年行业经验和客户积累，采用多项业界领先的智能化、网络化技术，把行业设备、生产线、工厂、供应商、产品和客户紧密地联系在一起。方案包括硬件、软件以及大数据管理，在此基础上提供了机器管理、花样管理、现场管理、工资计算、决策支持、订单管理等多项功能，提供给管理者一个智能化的网络管理平台，让工厂管理变得更简单、流畅并且透明。系统框图如图 8-19 所示。

　　DH-NET 网络智能工厂管理系统可以实现缝制行业各类生产线中多种缝制设备联网管理和运维服务：

　　（1）设备工作数据存储与挖掘。

　　（2）设备实时监控。

　　（3）设备参数管理。

　　（4）花样管理。

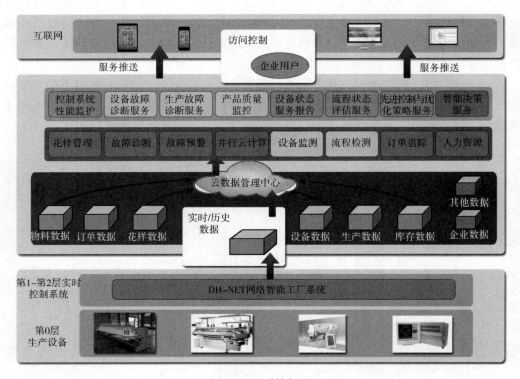

图 8-19　系统框图

（5）故障预警与预测性维护。

（6）远程故障诊断与修复。

（7）远程升级。

（8）生产订单管理。

（9）加工生产管理。

（10）人力资源管理。

DH-NET 网络智能工厂管理系统目标是实现多台缝制设备的联网生产管理，系统采用了多项业界领先的技术，大幅度提高传统工厂的智能化水平，同时提升管理水平。功能拓扑图如图 8-20 所示。

系统实现缝制设备数据采集，打通缝制制造行业物联网应用瓶颈。目前缝制行业网络应用主要分成如下几段：

（1）缝前：包括客户个性化下单，CAD 排料，裁床裁剪准备布料。

（2）缝中：包括各种缝纫机缝制，刺绣等加工，通过吊挂系统串联。

（3）缝后：包括熨烫、整理、包装。

（4）物流仓储：使用 RFID 的分拣。

系统通过对缝制设备数据的直接采集，实现缝前、缝中、缝后整个服装工艺产品线的数字化解决方案。

刺绣机网络管理系统为缝制加工企业提供全方位的机器联网管理、远程控制、人力资

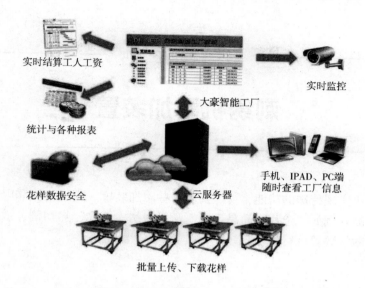

图 8-20　网络智能工厂功能拓扑图

源管理、生产运营监控的解决方案，高效地实现人、设备及产品之间实时联通、精确识别、有效交互及智能控制。

可以实现对工厂每台刺绣机的生产监控、花样数据的上传下载、远程视频监控，远程诊断维护。并对机器的运行效率进行准确评估；实现对每名工人考勤记录、工资的自动结算和工人绩效的管理；实现工厂订单管理，生产物料的管理、生产成本的精确计算、可以与企业 ERP 系统进行数据对接，实现企业的人、财、物、供、产、销全面结合、全面受控、实时反馈、动态协调。

复习思考题

1. 智能化的网络管理软件包含哪些功能？
2. 刺绣网络管理系统包含哪些功能？
3. 缝制行业网络应用分为几段，分别有哪些功能？
4. 请简述 DH-NET 网络智能管理工厂系统可实现的功能。
5. 请简述刺绣制板系统的功能。
6. 请列举五种常用针法。
7. 请简述大豪制板系统的特色功能。
8. 请简述刺绣机制板系统支持的绣法。

第9章

刺绣机附加装置

为了使刺绣机实现特殊的功能，可以安装一些附加装置。通过机械和电气的配合绣作出多种多样的绣品。例如，金片、简易毛巾、简易绳绣、激光、热切割、散珠等，本章分别对几种典型的附加装置进行说明。

9.1 金片绣装置

金片绣又称亮片绣、珠片绣。是近年来国际市场流行的一种绣作方式。金片绣以其金属质感和多角度光线反射赢得广大客户的喜爱，随着国内外服饰时尚潮流的变化，金片绣品的需求不断增加，大豪公司紧随市场变化，开发研制出金片绣系列电控产品，并随着开发的深入和技术的成熟，形成一整套稳定的金片绣产品，配合各类机型进行金片绣绣品生产。

（1）平绣金片：线迹较细，突出金片的金属质感，金片色泽不断变化，层次表现力强，符合现代服饰个性化、随意化的要求。与纱的结合凸显若有若无的朦胧感，如图9-1所示。

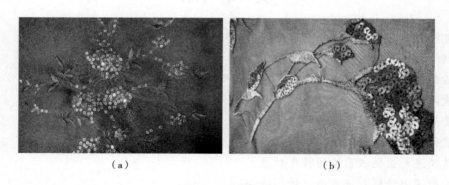

（a） （b）

图9-1 平绣金片

（2）盘带金片：盘带多样化的造型配合金片的光泽，使装饰图案的立体感增强，更加醒目，如图9-2所示。

（3）链式金片：链式绣的锁链造型穿过金片，使绣品兼具两种绣作方式的特色，使饰品造型更加突出，如图9-3所示。

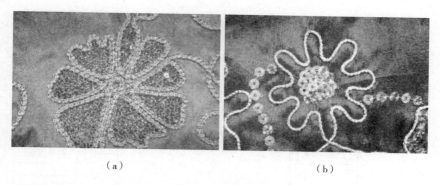

（a）　　　　　　　　　　　　（b）

图 9-2　盘带金片

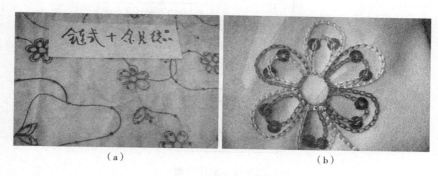

（a）　　　　　　　　　　　　（b）

图 9-3　链式金片

9.1.1　金片绣装置基本功能及分类

　　金片绣配套电控系统的安装、调试、参数设置，系统匹配以及电磁阀控制的气动机构和送片电动机选型等各个环节的工作，直接影响金片绣电脑刺绣机整机的质量和性能。

　　根据装置特征主要分为两类：电动机数与拨叉数相等（普通型）的装置和电动机数与拨叉数不相等（特殊型）的装置。

　　普通型金片装置分为单拨叉、双拨叉和三拨叉三类，双拨叉装置自带的间隙气阀数最多一个；三拨叉自带的间隙气阀数最多两个。

　　特殊型金片装置通过一个电动机带多个拨叉装置，拨叉之间切换采用气阀、电动机或者电磁铁进行，如图 9-4 所示。

9.1.2　金片绣装置机械结构和工作原理

9.1.2.1　金片系统基本机械结构

　　金片绣装置一般安装在机头的首针或者末针位置，如图 9-5 所示。

　　金片绣装置的机械结构分类有很多，图 9-6 是链式金片绣的实物图，图 9-7 给出了链式金片绣的示意图。

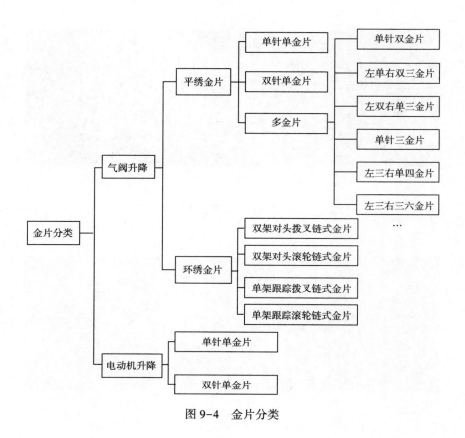

图 9-4　金片分类

图 9-5　金片绣安装位置

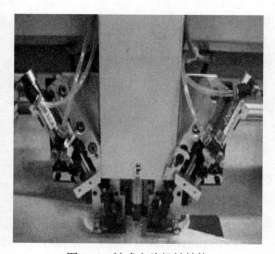

图 9-6　链式金片机械结构

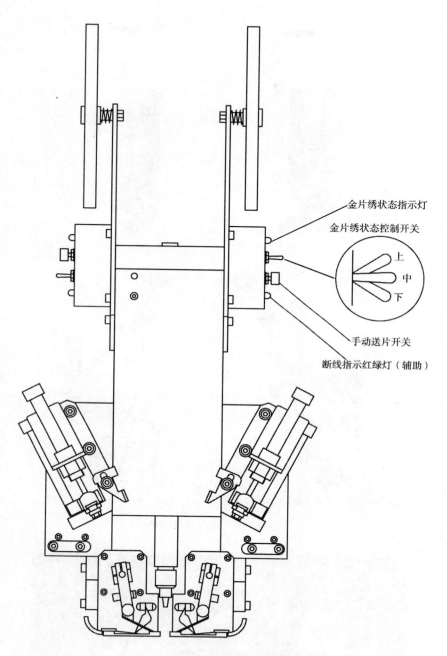

金片绣状态指示灯

金片绣状态控制开关

上
中
下

手动送片开关

断线指示红绿灯（辅助）

图 9-7　链式金片绣机构结构示意图

　　金片绣装置的生产厂家也比较多，有些厂家的产品比较成熟。图 9-8 给出了某厂家的几种产品展示。

　　金片绣由以下结构组成：送片轨道（图 9-9），金片切刀（图 9-10），压脚（图 9-11），金片电动机（图 9-12），金片架固定器（图 9-13），拨叉传动装置（图 9-14），气阀（图 9-15）。

（a）单亮片侧面拨叉装置（导轨式）

（b）单亮片正面拨叉装置（连杆式）

（c）单亮片正面拨叉装置（双勾轴式）

（d）双电机双拨叉正面装置

图9-8　某厂家金片绣装置

（a）

（b）

图9-9　送片轨道

图 9-10　金片切刀

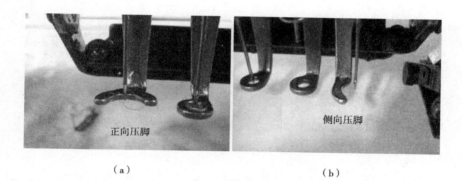

图 9-11　压脚

图 9-12　金片电动机

图 9-13　金片架固定器

图 9-14　拨叉传动装置

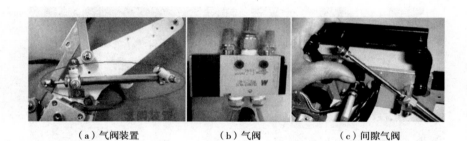

（a）气阀装置　　　　　　　（b）气阀　　　　　　　（c）间隙气阀

图 9-15　气阀

9.1.2.2　金片系统工作原理

金片绣机械的动作流程如图 9-16 所示。

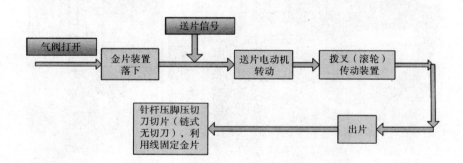

图 9-16　金片绣机械动作流程图

断线补绣的流程如图 9-17 所示。

漏片补绣的流程如图 9-18 所示。

平绣金片的动作针迹示意图如图 9-19 所示，链式金片的动作针迹示意图如图 9-20 所示。

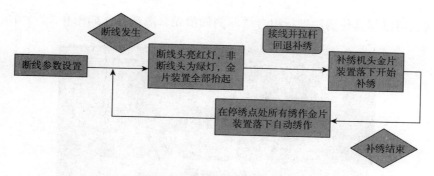

图 9-17 断线补绣流程图

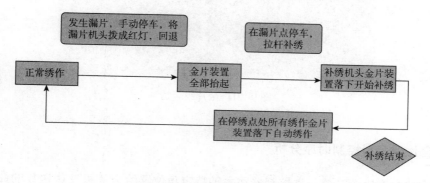

图 9-18 漏片补绣流程图

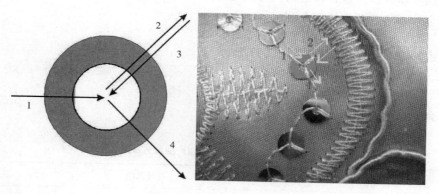

图 9-19 平绣金片示意图

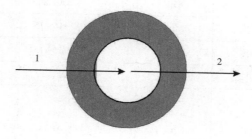

图 9-20 链式金片绣示意图

金片绣也可以与其他绣法进行组合绣，例如激光、散珠等，如图 9-21 所示。

图 9-21　金片组合绣

9.1.3　金片绣装置控制时序分析

金片绣的时序比较简单，主控制器在主轴特定角位置给金片板发送送片的命令，金片装置执行送片命令；并且在特定角位置发送升降气阀的命令。对于多金片机构，则分别发送使不同金片或气阀动作的命令。

9.1.4　金片绣装置电控参数及调试方法

9.1.4.1　金片绣装置电控参数

金片绣相关参数见表 9-1。

表 9-1　金片绣相关参数（JF 型金片绣机型）

编号	参数名称	常用值	可选值	注释
C31	右金片的限定速度	850	350~850	
C32	左金片的限定速度	850	350~850	
D25	右金片送片角度调整	0	−15~15	
D26	左金片送片角度调整	0	−15~15	
C33	金片刺绣是否自动启动	否	是，否	
D27	金片装置下落时间	2	0~15	范围：0~15。气阀升降压脚一般设为 2~3，步进电动机升降压脚一般设为 4~5

续表

编号	参数名称	常用值	可选值	注释
C34	断线后金片装置自动升起	否	是，否	用来控制断线后金片装置的位置
C56	金片装置是否独立起落	否	是，否	
B17	跳跃不剪线时是否抬气阀	是	是，否	
D99	断珠检测灵敏度	0	0~10	
D54	右金片装置电动机数	无	1，2	
D55	右金片装置 3mm 设置	双向 11.7°	单向 6~40 步，双向 6~40 步	
D56	右金片装置 4mm 设置	双向 11.7°	单向 6~40 步，双向 6~40 步	
D57	右金片装置 5mm 设置	双向 18.0°	单向 6~40 步，双向 6~40 步	
D58	右金片装置 6.75mm 设置	双向 21.6°	单向 6~40 步，双向 6~40 步	
D59	右金片装置 9mm 设置	双向 36.0°	单向 6~40 步，双向 6~40 步	
C57	右金片装置 A 大小颜色	5mm 黄色	3/4/5/6.75/9mm 黄色/紫色/蓝色/绿色/红色/金色/银色/青色	
C58	右金片装置 B 大小颜色	5mm 蓝色	3/4/5/6.75/9mm 黄色/紫色/蓝色/绿色/红色/金色/银色/青色	
D60	右金片装置大小片间隙个数	无	无/1/2	
C65	右金片间隙气阀动作时间	0	0~5	
D61	左金片装置电动机数	1	1，2	
D62	左金片装置 3mm 设置	双向 11.7°	单向 6~40 步，双向 6~40 步	
D63	左金片装置 4mm 设置	双向 11.7°	单向 6~40 步，双向 6~40 步	
D64	左金片装置 5mm 设置	双向 18.0°	单向 6~40 步，双向 6~40 步	
D65	左金片装置 6.75mm 设置	双向 21.6°	单向 6~40 步，双向 6~40 步	
D66	左金片装置 9mm 设置	双向 36.0°	单向 6~40 步，双向 6~40 步	
C61	左金片装置 A 大小颜色	5mm 黄色	3/4/5/6.75/9mm 黄色/紫色/蓝色/绿色/红色/金色/银色/青色	
C62	左金片装置 B 大小颜色	5mm 蓝色	3/4/5/6.75/9mm 黄色/紫色/蓝色/绿色/红色/金色/银色/青色	
D67	左金片装置大小片间隙个数	无	无/1/2	
C66	左金片间隙气阀动作时间	0	0~5	

9.1.4.2　金片绣装置电控参数说明

（1）左（右）金片的限定速度。金片绣的限定速度应根据金片的大小来确定。但由于机械结构的不同，绣同样大小的金片，电动机转动的角度也不同，这和金片绣的最高转速有着直接的关系。

注意：平绣的最高转速应大于金片绣的限定速度。

（2）左（右）金片的送片角度调整（可调范围-15~+15）。调整该值可以改变金片送片时相对主轴的出片角度，该值越大，出片时机越晚，反之越早。

（3）金片刺绣是否自动启动。设置为"是"绣作到金片绣花样时，无须人工拉杆，电脑自动启动；设置为"否"绣作到金片绣花样时，需人工拉杆启动。

（4）金片装置下落时间。该参数用来设置送片装置开始下落到金片起绣的时间，（0~15，出厂设置为："2"），采用气阀升降的送片装置采用出厂设置即可，采用电动机升降的送片装置可以选择4~5。

（5）断线后金片装置自升起。设置为"是"绣作到断线时，无须手动抬起压脚，金片压脚自动升起；设置为"否"绣作到断线时，需手动抬起压脚，金片压脚才能升起。

（6）跳跃不剪线是否抬气阀。设置成"是"，在金片绣作过程中遇到跳跃码，并且设置成不剪线的情况下，气阀会自动抬起；设置成"否"则不抬起。

（7）左/右金片装置电动机数。根据首末针金片机构的实际安装情况来设定。参数一共包括"1，2，3，4，1-2，1-3，1-4，无"。根据实际情况，单金片装置需要设置成1，一体双电动机双金片装置需要设置成2，依次类推；1~2代表单电动机双拨叉Ⅰ型，该种装置的特征是一个送片电动机带2个拨叉头，通过外加的气阀或电动机进行切换；1~3代表单电动机双拨叉Ⅱ型，该种装置的特征是一个送片电动机带动两个拨叉头，但通过送片电动机自身的正反/反正切换来进行大小片切换；1~4代表单电动机四拨叉。

（8）金片装置参数设置。

①左/右金片装置3mm设置。该参数根据实际情况可以设置成拨叉（滚轮），角度可以设置成6~69。

②左/右金片装置4mm设置。该参数根据实际情况可以设置成拨叉（滚轮），角度可以设置成6~69。

③左/右金片装置5mm设置。该参数根据实际情况可以设置成拨叉（滚轮），角度可以设置成6~69。

④左/右金片装置7mm设置。该参数根据实际情况可以设置成拨叉（滚轮），角度可以设置成6~69。

⑤左/右金片装置9mm设置。该参数根据实际情况可以设置成拨叉（滚轮），角度可以设置成6~69。

⑥左/右金片装置A大小颜色。该参数根据实际情况可以将大小设置成3mm/4mm/5mm/7mm/9mm，颜色可以选银色、青色、黄色、紫色、蓝色、金色、绿色、红色等。

⑦左/右金片装置B大小颜色。该参数根据实际情况可以将大小设置成3mm/4mm/5mm/7mm/9mm，颜色可以选银色、青色、黄色、紫色、蓝色、金色、绿色、红色等。

⑧左/右金片装置C大小颜色。该参数根据实际情况可以将大小设置成3mm/4mm/5mm/7mm/9mm，颜色可以选银色、青色、黄色、紫色、蓝色、金色、绿色、红色等。

⑨左/右金片装置D大小颜色。该参数根据实际情况可以将大小设置成3mm/4mm/5mm/7mm/9mm，颜色可以选银色、青色、黄色、紫色、蓝色、金色、绿色、红色等。

上述的①~⑨的参数用于送片电动机的角度设置，其中①~⑤为机械参数，原则上只提供给整机/装置厂家设置，厂家根据该装置在绣作不同规格金片时拨叉或滚轮装置的实际动作大小进行设置，设置完成后一般不再进行修改。参数⑥~⑨原则上只提供给用户进行操作，用户根据实际绣作的花样大小进行设置。

（9）左/右金片大小片间隙调整。该参数对多金片机型适用，根据多金片装置的实际情况，双拨叉的装置根据装置不同可以设置为"无"或"1"。

（10）左/右金片间隙气阀动作时间。该项可以设置的参数分别为：0~5。代表打间隙气阀后绣作下一针之前打几个空针，"0"代表不打；"1"代表打一个；"2"代表打两个；"3"代表打三个。目的是在高速绣作时给气阀动作留出一定的相应时间。

①通过操作头里的金片参数设置，更改后马上生效无须重启。

②厂家机器出厂前先设置其金片装置在绣作3~9mm各种型号金片时的角度。用户根据实际的订单情况直接选择金片的大小和颜色，无须另外设置角度。

9.1.4.3　金片绣装置调试方法

（1）分头手动调试。

①送A金片前电动机的手动操作。将金片开关拨至下位，机头断检开关拨至绿灯状态，按手动送片按钮。

②送B金片中电动机的手动操作。将金片开关拨至下位，机头断检开关拨至红灯状态，按手动送片按钮。

③送C金片后电动机的手动操作。将金片开关拨至下位，机头断检开关也拨至下位使机头灯灭，按手动送片按钮。

（2）金片绣的补绣操作。断线后或人为地将断检灯拨成红灯后，拉杆回退进入补绣状态时，所有机头的金片绣装置抬起；回退至补绣点停车，再拉杆时补绣机头的金片绣装置先降下，开始金片补绣，补绣至断线点时停车，其他非补绣机头的金片绣装置自动落下，进入正常刺绣。机器参数设置中回退补绣针数在金片绣补绣中不起作用。

（3）金片绣的刺绣。用户在进行金片绣绣作前，可按如下操作步骤进行：

①输入金片绣专用的金片花样，并进行花样的选择、变换和编辑。

②按上述的金片绣操作说明，设置金片绣参数以及换色顺序。

③检查并调整送片装置，确认送片装置处于正常工作状态。

④将针位换色到需要绣作的金片针位，并确认金片绣状态控制开关拨在中位，蓝灯亮。

⑤拉杆绣作。绣作时不要拨手动升降气阀开关，否则可能造成送片装置的损坏。

（4）送片电动机工作电流的匹配设置。调试人员在进行金片绣送片机构的调试时，要确认送片电动机的工作电流和所选电动机是否匹配。

（5）电动机升降装置的调试。

①按照对应的框图正确连接线缆。

②调整电动机升降上下检测点在合理的位置，并手动升降开关，保证升降电动机转动方向正确。

③设置金片参数，根据左右送片电动机的个数设置参数"金片绣左右电动机个数"，

其他参数设置同通用参数设置方法。

④接线时，应注意不要将送片电动机与升降电动机接反。

⑤厂家一定要根据自己实际所配置的电动机升降检测板线序与金片控制板进行做线、接线，防止接线错误。

9.1.5 金片绣装置控制系统常见故障和解决方法

（1）如果电动机线的公共端是双压在一起的，一定要把它们剪开，而不只是从插头里面拔出来。

（2）手动送完片以后，如拨叉不能停到装置的最前端，要把拨叉从电动机轴上松开，重新让电动机空转两圈后再锁死。

（3）当送片电动机为 0.5A 时，一块 24V 电源最多可驱动 10 块同时工作的金片控制板，当送片电动机为 1A 时，最多可驱动 8 块同时工作的金片控制板。

（4）判断通信正常与否：可根据转接板上 LED 灯的闪烁情况判定。

①两个灯闪：主板到转接板通信正常，金片控制板通信不正常。

②一个灯闪：通信正常。

（5）目前金片控制板支持特定的开关板，不要把滚轮按键板和开关板插反。

（6）金片架不动。

①整体故障（绣作金片绣花样时金片装置不落）。

a. 检查"金片刺绣是否自动启动"选项是否打开，相应"左""右"金片装置是否打开，金片控制板 DIP 开关拨法是否正确。

b. 检查金片架固定器是否打开。

c. 气阀升降机器检查压力表气压状况。

d. 检查金片控制板的 24V 电源输入（最后一头电压要求在 24V 以上，低于此值应调高开关电源电压，第一头到最后一头压降过大则考虑更换线径 1.2mm 以上的电源线），连接金片控制板的机器，检查金片控制板金片插座是否插紧，信号线是否断开。

e. 检查"金片开始"时和"金片结束"主板信号是否发出信号，金片控制板是否接收到信号。

②个别机头故障，金片架不动。

a. 断线后金片装置不抬起，检查"断线后金片装置自动升起"选项是否设置为"开"。

b. 检查"金片刺绣是否自动启动"选项是否打开，利用开关板开关下位和中位进行气阀升降测试。

c. 检查 24V 输入是否正常，故障机头插座是否松动，信号线是否断开，插座周围电子元件是否有烧过的痕迹。

d. 检查故障机头相应气阀是否损坏，利用气阀上的开关进行测试，观察金片装置是否有动作。

e. 金片装置下落慢。

f. 检查气阀管路是否畅通，机械结构是否顺畅，气压是否正常。

g. 缩短"金片装置下落时间"。

（7）金片装置不规则跳动。

①检查金片控制板、故障机头插座是否有虚接，线缆是否破损，信号线要求为双绞线，并避免与电源线捆绑走线。电磁阀加装磁环，电磁阀避免装在一起，尽量减少线缆长度，在信号线终端增加 100Ω 电阻。

②相应"左""右"金片装置是否打开，金片控制板 DIP 开关拨法是否正确。

③检查机器是否有漏电，利用排除法找漏电处。是否有裸露电缆接触机架。

④金片控制板气阀回路不能有开关，否则会引起复位。检查多金片、多头机器是否超出各板最大连接负荷数。

⑤金片电动机送片故障。

（8）不出片。

①整机故障。

a. 检查手动"送金片"是否有金片送出。

b. 检查主板金片信号和金片控制板信号在"送金片"时是否正常亮。

c. 检查信号线是否断开。

②个别装置故障。

a. 交换不出片电动机与正常电动机的插座，若仍然不出片则电动机故障或电动机线坏。若恢复出片则金片控制板故障。

b. 更换故障金片控制板前先更换相同版本主控芯片再观察电动机工作是否正常。

c. 更换最新版金片软件。

（9）漏片。

①检查机器漏电。检查插头虚接、断线及电路板绝缘情况，观察线缆是否有破损。

②更换新版软件。

（10）切半片。

①检查金片控制板 DIP 设置是否正确，选择正确的角度。

②电动机是否反转。

③检查机器是否漏电，检查插头虚接、断线及电路板绝缘情况，观察线缆是否有破损。

④金片切刀是否变钝。

⑤在信号线终端增加 100Ω 电阻，更换信号线。

⑥对比工作正常金片架机械结构，观察金片架与绣板距离是否过大。

9.2　锁式毛巾绣装置

9.2.1　锁式毛巾绣装置机械结构和工作原理

9.2.1.1　机械结构

锁式电脑刺绣机通常只能形成平绣针迹，无法形成毛巾针迹（线环），但锁式毛巾装置与刺绣机的巧妙配合也可以形成线圈。

锁式毛巾绣的机构形态大致相同，主要分为以下三类：无连杆机构的装置、有连杆机构的装置和滑块机构的装置（图9-22~图9-24）。这三类装置的基本原理都是相同的，35或42步进电动机驱动摆杆在一定的角度范围内来回运动；也都是作为一个部件安装在刺绣机的机头上，通过机构之间的相互配合实现特殊的绣法。相对来说，带滑块的装置，左右摆动时更为稳定。

图9-22　无连杆机构装置

图9-23　有连杆机构装置

图9-24　滑块机构装置

这三类装置有一个比较大的区别就是：在摆杆摆动相同角度的情况下，三种装置的步进电动机旋转角度是不一样的，带滑块的装置角度最大，有连杆的装置次之，无连杆的装置角度最小。在设计时，事先考虑到了这种需求，可以在人机界面上进行参数的设置，实现不同的摆幅。

9.2.1.2　锁式毛巾针迹的形成

锁式毛巾绣又称简易毛巾绣、小毛巾绣；它是在平绣机型基础上，实现毛巾绣效果的特种绣法。如图9-25所示，锁式毛巾针迹是由一个一个的线环组成的，因为针迹的密度大，就构成了一幅完整的图案，类似"毛巾"的效果。

图9-25　锁式毛巾绣品

锁式毛巾装置摆杆可分为三个位置，正常绣作时摆杆在左、右两个位置来回摆动；中位作为一个调试的基准。摆杆在合适的时机巧妙地拨动面线，就形成了线环，如图 9-26 所示。

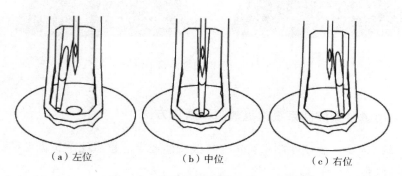

（a）左位　　　　　　（b）中位　　　　　　（c）右位

图 9-26　摆杆与压脚及绣针的相对位置

摆杆的高度和前后位置调节直接影响绣品的效果，应该对摆杆进行适当的调节。分别松开连接电动机轴及摆杆的螺栓，调整摆杆的位置。摆杆最低点与针板的距离可调整为 3mm 左右，此高度太低会使绣品线环零乱，太高会造成摆杆下落时戳到压脚。杆头部前出绣针可调整为 2.5 ～ 3mm，太短会造成挑不出线环，太长容易碰压脚或出现缠绕线团及断针、断线问题，如图 9-27 所示。

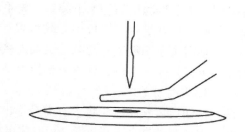

图 9-27　调整后摆杆与绣针及针板的相对位置

9.2.2　锁式毛巾绣机型的电控设定

当机构调校完成后，进入系统参数菜单，检查"是否支持简易毛巾"选项设置，应设置为"是"。如有金片装置，应检查金片的参数设置是否正确，并进行手动调试。

检查简易毛巾位置设定参数，选择允许简易毛巾绣作的针位。此设定应严格按照机械安装情况设定，即更换了简易毛巾专用压脚的针位，才允许进行简易毛巾绣作。如设定错误，会造成压脚及摆杆装置的损坏！

进入自动换色设置界面，选择已设定的简易毛巾针位，注意会有一个参数选择项，可以选择平绣或从 1～15 中选定一个数字。1～15 的数字表示毛巾高度的设定，也对应着不同的摆杆摆幅，由 1～15 依次增大。平绣选项表示不进行简易毛巾绣，具体设置需要视绣品要求和装置类型而定。

当毛圈高度参数设置较小时，对应摆杆的摆幅也比较小，此时实际绣作的花样表面比较平整，可以看到整齐的竖条纹。毛圈高度参数设置较大时，摆幅也比较大，绣作的花样表面比较蓬乱、有弹性。此外，面线及底线的松紧配合也会导致不同机头绣作效果的差异，需要通过微调过线旋钮以达到最佳效果，如图 9-28 所示。

图 9-28   不同摆幅的绣作效果模拟

9.2.3   锁式毛巾绣装置控制系统常见故障和解决方法

（1）检查线缆连接，确认线序是否符合接线图的要求。重点注意步进电动机驱动线的线序和主板与外围板的线序。

（2）查看驱动控制板的 DIP 设置是否正确。

（3）通电后进行手动调试。如机型带有金片装置，应先手动测试金片功能升降装置、送片等测试项，再测试简易毛巾装置。先手动降气阀、使摆杆连续摆动、观察摆杆是否找到原点及原点位置是否在针板中心孔位置。然后连续摆动十余次观察左右位置是否对称，如不对称则需重新调整摆杆与电动机轴连接器的相对位置。注意调试完成后摆杆应该停在左侧，如果摆杆停在右侧，则需要调换电动机的相序。

（4）输入简易毛巾花样，先预览花样，留意换色次数及简易毛巾针法出现的换色位置。设置自动换色顺序，应将含有简易毛巾的绣作区域设置为允许简易毛巾绣的针位并设置高度。初次测试高度可设置为 1，以后可根据实际绣作效果和装置需要再做调整。

（5）选择好合适的刺绣位置进行刺绣。当初次测试时，刺绣到锁式毛巾绣针迹位置时可适当降低绣作速度以便观察各个机头装置的工作情况是否正常。绣作完第一个花样后，需要重新检查摆杆原点位置是否正确，装置有无松动的情况。连续绣作 3 个花样后，如无频繁断线、断针现象，且绣品比较平整好看则说明调试成功。

9.3   简易绳绣装置

简易绳绣（又称简易盘带绣、绳带绣）电控系统是在首（末）针位增加控制简易盘带绣（锯齿绣）的功能，更好地满足了实际绣作过程的需要，提高了补绣质量和生产效率，实现速度与绣品质量的完美结合，并且保证了机器安装和维修的方便，将成为今后性价比较高的一款特种刺绣机型。

简易盘带绣从机械方面来讲主要分为两部分机构，分别定义为转动轮（M 轴）和同步送线装置。其中转动轮是每一针旋转一定的角度来跟踪针轨迹，使得在绣作时，绳子摆动轨迹的中心轴，可以始终处于针运动的正前方位置；同步送线装置可以根据花样绣作的快慢来控制送绳量。

9.3.1　简易绳绣电控系统的技术规格与应用范围

（1）简易绳绣的 M 轴采用 42 带定位装置（零位原点）步进电动机，同步装置上的送线电动机采用 28 或 35 步进电动机。

（2）支持各种锯齿绣，例如 Z4、Z5 等绣法。

（3）支持补绣功能，在补绣时，每个转动轮可以根据当前的机头状态独立旋转，到达绣作位置，实现补绣功能。

（4）每个机构均有按键开关，可以独立地调节机头。

（5）支持霍尔元件换色和电位器换色。

（6）M 轴电动机、松线电动机要求见下文"电动机及电磁阀选型"，前后出轴机械尺寸，厂家可与电动机供应商定制。

9.3.2　绣品展示

简易绳绣的绣品展示参见图 9-29～图 9-34。

图 9-29　简易绳绣绣品（一）

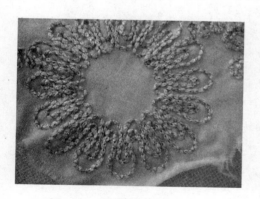

图 9-30　简易绳绣绣品（二）

图 9-31　简易绳绣绣品（三）

图 9-32　简易绳绣绣品 Z4

图 9-33　简易绳绣绣品 Z5

图 9-34　简易绳绣绣品 Z6

9.3.3　简易绳绣装置机械结构和工作原理

9.3.3.1　简易绳绣装置机械结构

　　市场上有不同厂家生产的简易绳绣装置，如图 9-35 所示。小头距简易绳绣装置，如图 9-36 所示。

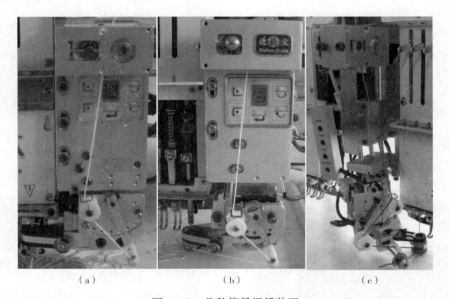

（a）　　　　　　　　　　（b）　　　　　　　　　　（c）

图 9-35　几种简易绳绣装置

图 9-36　小头距简易绳绣装置

简易绳绣主要可以实现锯齿绣，从机构上来讲可分为以下两部分，如图 9-37 所示。

（1）转动轮：带动盘带绳运动绣作（M 轴电动机 1.5A，1.2A）。

（2）同步运动装置：控制盘带绳的线道（弹簧、送线电动机 1A）。

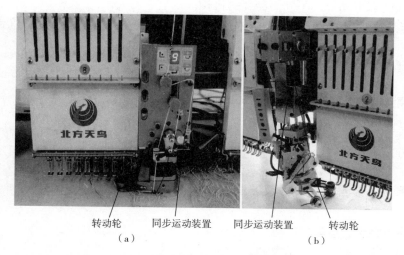

转动轮　　同步运动装置　　同步运动装置　　转动轮

（a）　　　　　　　　　　　　（b）

图 9-37　转动轮和同步运动装置

9.3.3.2　简易绳绣的工作原理

简易绳绣简化、合成了传统式盘带绣的动作，把传统式盘带绣的 M 轴与 Z 轴合成在转动轮上，从而实现了锯齿绣和盘带绣的效果。

例如，花样为一条直线，如图 9-38 所示。

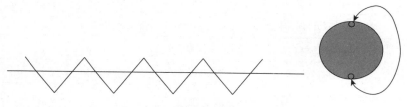

图 9-38　简易绳绣的工作原理

简易绳绣电动机驱动板主要功能是可以根据当前的绣作状态和机头情况，完成对 M 轴、松线电动机和气阀的分头控制，使用户的操作更加方便简捷。其具体特点如下：

（1）绳带绣机构支持最高转速为 1000r/min 的机器。

（2）简易绳绣的转动轴是采用 42 带定位装置（零位原点）步进电动机进行控制，需要注意的是此种结构要求盘带绣的转动 42 电动机与转动轮之间应采用 1：2 的传动比，也就是说当电动机转动 90°时，转动轮转动 180°。

（3）机头开关，可以更加方便地控制转动轮的转向。当关掉机头开关时，转动轮回到原点的位置。当打开机头开关时，转动轮会回到当前工作点的位置。

（4）当补绣时，每个转动轮可以根据当前的机头状态独立旋转，到达绣作位置，即实现补绣功能。

（5）每个机构均有按键开关，可以独立地调节机头。

（6）具备分别和统一设置各个机头松线电动机的送线快慢功能。

（7）可支持双电动机的不同简易绳绣机构。

（8）具有对松线位置及气阀位置的上下检测功能，提高绣品质量及仪器的高精度要求。

（9）机头故障错误时，有报警提示功能。

9.3.4 简易绳绣装置控制时序分析和电路分析

简易绳绣的时序是在主轴一圈之内，主控制器特定角位置发送松线检测命令；然后在另一特定角位置发送打环角度。

9.3.5 简易绳绣装置电控参数及调试方法

9.3.5.1 简易绳绣装置电控参数

简易绳绣相关的参数参见表 9-2。

表 9-2 简易绳绣相关的参数

编号	参数名称	常用值	可选值	注释
D80	绳带绣松线电动机是否检测	是	是，否	
D81	绳带绣高效模式	5	1~5	
D86	绳带绣右装置	无	有，无	
D87	绳带绣左装置	无	有，无	
D88	绳带绣装置升降时间	1	0~5	
D90	绳带绣摆幅	100	0~125	
D91	绳带绣最高转速	700	300~850	
D92	绳带绣松线电动机有无	无	有，无	
D93	绳带绣松线调整值	5	0~15	
D94	绳带绣 Z5 绣框摆幅	0.2	-10.0~+10.0	
D95	绳带绣右装置原点位置	0	0~100	
D96	绳带绣左装置原点位置	0	0~100	
D97	绳带绣装置升降检测	否	是，否	

其中的参数定义和说明如下。

（1）简易绳绣的右装置：有（无）——有代表首针是简易盘带针位。

（2）简易绳绣的左装置：有（无）——有代表末针是简易盘带针位。

（3）简易绳绣装置升降时间：2（默认值）——此值根据简易盘带绣装置的实际动作

时间来设置。

（4）简易绳绣摆幅：0~125；默认值 125，此值为轮子转过的简易盘带坐标角度，该参数设置值主要是来调整转动轮的转动幅度，设置值越大，则转动轮绣作时转动的幅度越大，该值在实际的转动中为"设定值×0.9"度。如果出现抛线的情况，减小此值起辅助调节的作用，一般情况下建议不小于 80，为了适应更粗的绳子和珠子，以后将扩展到 125。

（5）简易绳绣最高转速：600（默认值），最高转速可设定到 1000r，要根据机械的实际能力进行设置。

（6）简易绳绣 Z5 绣绣框摆幅：可通过绣框的调整来弥补绣作范围。

（7）简易绳绣松线电动机有无：如果是双电动机简易绳绣机构，则应该设置为"有"，否则设置为"无"。

（8）简易绳绣松线调整值：调整所有松线电动机的送线速度。

（9）简易绳绣右装置原点位置：首针简易盘带装置机械原点位置朝向方向与穿线点夹角角度设定值。角度值=参数值×0.9，比如参数值为 80，则角度值=80×0.9=72°。

（10）简易盘带左装置原点位置：末针简易盘带装置原点位置朝向方向与穿线点夹角角度设定值。角度值=参数值×0.9，比如参数值为 80，则角度值=80×0.9=72°。

（11）简易绳绣装置升降检测：升降装置到位与否检测，根据装置的实际情况设置有无。

（12）简易绳绣松线电动机是否检测（是，否），默认值"是"：在绣作时，松线电动机是否检测霍尔原件位置，再进行转动，若设置为"否"，则不用检测霍尔原件位置，只要是绣作状态，松线电动机就转动。

注意事项如下：

（1）必须按照装置的实际情况来设置，首针是简易盘带，把"简易盘带绣的右装置"设置为"有"，否则设置为"无"；同理，末针是简易盘带，把"简易盘带绣的左装置"设置为"有"，否则设置为"无"。

（2）必须保证"简易盘带绣升降时间"大于等于实际简易盘带装置的升降时间，否则会造成简易绳绣装置动作异常。

（3）简易绳绣松线的选择根据简易盘带的装置来决定，带电动机松线的装置需要设定此值，否则不需要设置。每个机头的送线值=机头按键的调整值+操作头设置的调整值。

9.3.5.2　调试指南

（1）转动轴（M 轴）的安装调试。简易绳绣的转动轴是采用 42 带定位装置（零位原点）步进电动机进行控制，需要注意的是此种结构要求盘带绣的转动 42 电动机与转动轮之间应采用 1∶2 的传动比。

①M 轴原点。M 轴机械原点与电气原点的对位问题：由于 M 轴采用 42 带定位装置（零位原点）步进电动机进行控制，所以其机械原点位置应该与电气原点重合，电气原点可以选择霍尔原件，也可以选择光耦来决定，重合后的效果应该当执行 M 轴回原点时，转动轮上的穿线孔应该直对着穿线者。如果 M 轴的原点不是设置在"直对着穿线者"的位置，则应该在主控上的"简易盘带左（右）装置原点位置"加以设置。

②M 轴手动操作调试 M 轴旋转方向。按点动键，在菜单中选"M 轴手动"功能项，按左移框键一次，转动轮顺时针旋转 18°，按右移框键一次，转动轮逆时针旋转 18°。如果转动轮旋转的方向不正确，说明转动轮电动机线接反，请调整相应转动轮电动机线接线；如果转动轮旋转的角度不对，在电路板没有问题的前提下，说明转动轮的传动机构有问题，应做相应的调整。

（2）同步装置的安装调试。同步装置由一个松线步进电动机、两个检测装置和收送线弹簧来完成送线的功能。检测装置是通过两个霍尔元件和一个磁性元件组成，其中磁性元件安装在机构弹簧上，当机构弹簧带动磁性元件动作且碰到霍尔元件的时候，松线电动机就会转动，直至磁性元件离开霍尔元件上下位置，松线电动机停止转动。上检测点收线，下检测点松线。每个机头的送线值=机头按键的调整值+操作头设置的调整值。

需要注意的是，同步装置的安装决定了简易绳绣的绣品质量，所以安装的时候，应该安装得当，尤其是弹簧的选择和安装。

（3）气阀的安装调试。调整气阀气路大小，从而影响装置升降速度，注意升降时间长短和噪声。

（4）各个机头按键开关功能说明。

①上：抬气阀（转动轮回原点）。

a. 当机构在上位时，按下此键，则是转动轮回原点。

b. 当机构在下位时，按下此键，则是提升机构。

②下：抬气阀（转动轮回原点）。

a. 当机构降下去时，按下此键，则是转动轮回原点。

b. 当机构提升起来时，按下此键，则是降下机构。

③左：转动轮左转 18°/松线电动机动作加快值（仅适用于双电动机机构 1）。

④右：转动轮右转 18°/松线电动机动作减慢值（仅适用于双电动机机构 1）。

⑤功能键：切换转动轮转动调试功能与松线电动机动作功能按键，每按一下则切换一次。（仅适用于双电动机机构 1）

a. 当切换到松线电动机动作参数时，数码管会闪烁起来，通过按下"左""右"键，来调整松线电动机的动作快慢值。

b. 当切换到转动轮转动调试时，通过按下"左""右"键，来调整转动轮的左转与右转。

⑥显示数码管：显示松线值的大小（0~F），数值越大，则松线电动机转动越快。（仅适用于双电动机机构 1）

（5）机头面板说明。机头面板，如图 9-39 所示。

①机头面板说明（冠军装置）。

上：抬气阀（转动轮回原点）。

下：抬气阀（转动轮回原点）。

左：转动轮左转 18°。

右：转动轮右转 18°。

指示灯：指示机头工作状态。

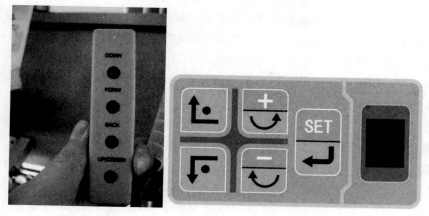

（a）冠军装置　　　　　　　（b）其他装置

图 9-39　机头面板

②机头面板说明（其他装置）。

上：抬气阀（转动轮回原点）。

下：抬气阀（转动轮回原点）。

左：转动轮左转 18°/送线电动机值增加。

右：转动轮右转 18°/送线电动机值减少。

功能键：切换转动与送线电动机的机头动作参数。

显示数码管：显示送线值的大小。

9.3.6　简易绳绣装置控制系统常见故障和解决方法

9.3.6.1　绣作时绳线绣不上

（1）检查装置位置是否正确、合理，绣针应保证在 M 轴旋转轮子中心处，且轮子距台板距离应适中。

（2）手动 M 轴正反转，观察 M 轴转动方向是否正确，即按 "+" 键为逆时针转，按 "-" 键则为顺时针转，若检查发现方向相反，则将电动机线 1，2 调换即可。

（3）检查 M 轴原点位置是否正确。

9.3.6.2　绳带绣头无动作

（1）检查各接线是否正确无误。

（2）检查是否在盘带针位，且是否设置 1 针位为 Z4 绣。

（3）检查主控参数，根据实际情况选择左、右绳带绣装置有或无。

（4）检查驱动板设置的首末针是否正确。

9.3.6.3　机头发生故障

（1）某机构数码管闪烁，且右下角小点常亮。

此报警的原理是当绳子过紧或过松，松线感应部分长时间处于光耦检测区域，判断可能发生卡线及绳线自然脱离轨道等现象，不利于绣品质量的提升。此时应当首先检查该报警机头过线部分是否有卡线或是绳子脱落等现象。其次，适当调整松线值，值越大松线速度越快，值越小速度越慢，调整的依据应保证送线均匀。

（2）某机构数码管闪烁，且右下角小点熄灭。

①可能由于绳子过粗，在大的拐角处拉拽 M 轴比较严重，会导致 M 轴丢步，可以适当地将松线值调大，至 12 左右，使得松线电动机送线速度变快，避免拉拽现象。

②转速过高，使得 M 轴电动机性能跟不上主控的命令。处理方法为适当降低转速，或是在高转速情况下更改主控参数"绳带绣高效模式"。

③机构内部 M 轴原点检测的元件安装位置有较大偏差。可以根据下面的方法来进行判断 M 轴原点位置是否有偏差，即将主控参数"绳带绣 M 轴摆幅大小"设置为 0，然后选择 99 号直线花样，穿好线绣作，正确的应该为绳子和面线在同一条直线上，且面线在绳子正中心位置，此时即可证明 M 轴原点位置正确，否则说明位置有偏差，需要调整 M 轴原点位置。

④花样打板问题，即在较尖锐的拐弯处没有多做些处理。

⑤当出现 M 轴绕线的现象时，应用机构上的方向键，把缠绕绳解套出来（直到缠绕绳绕线不到一周为止），再按"点动键"让 M 轴找到原点，再拉杆绣作。

9.3.6.4　绕绳现象

（1）机头按键板 20P 扁线松动，没有插紧。

（2）M 轴原点检测处的 3P 信号线没有插紧。

9.3.6.5　绣品问题

影响绣品质量的因素包括电控和机械两方面。

（1）电控上影响绣品质量的因素包括以下几种：

①简易盘带绣摆幅：如果摆幅设置的较小，则会出现漏针的现象。

②转速过高时，由于 M 轴电动机的限制，会造成电动机丢步，从而影响绣品质量。所以在实际绣作中一定要考虑绣作材料和电动机的实际性能选择合适的转速。

③简易盘带绣松线调整值的大小：

松线值越大，松线速度越快，则会避免拉线的现象，但是如果过大，则会出现漏针；松线值越小，松线速度越慢，则会避免漏针的现象，但是如果过小，则会出现拉线。

（2）机械上影响绣品质量的因素。

①简易盘带机构的收送线弹簧。如果调整不好，会出现漏针、拉线的情况：通过调整简易盘带机构的弹簧，达到在绣作时，弹簧不会碰到动作范围两端的限位点，而总是在动作范围中间动作，效果最好，即可以避免漏针和拉线的现象。漏针和拉线的示例如图 9-40 和图 9-41 所示。

②简易盘带绳子的走线方式。

③面线松紧度。

④绳子的材料性质。包括硬度、粗细、形状以及和轮子接触面的摩擦力等。

（3）漏针。可分为：平绣漏针和绳绣漏针，如图 9-42 和图 9-43 所示。

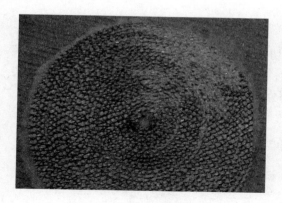

图 9-40　漏针较严重的情况

图 9-41　拉线情况

图 9-42　平绣鱼丝线漏针

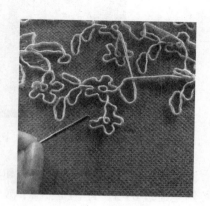

图 9-43　绳绣漏针

处理方法如下：

①关闭绳绣头，观察单独绣作平绣是否有漏针，如果单绣平绣都有漏针，则主要考虑平绣过线夹线器和针与旋梭配合是否有问题。

②如果单独绣作平绣不漏针，则考虑：摆杆弹簧尽量调松，松线值调大；调节面线松紧；重新校对旋梭位置。

9.4　激光绣控制系统

多功能激光刺绣技术应用到绣花机上，是在平绣基础上实现切割、雕孔、喷花等多种激光功能，同时又兼顾与金片绣、盘带绣等多种机型的自由组合，广泛应用于贴布绣、雕孔绣及雕花绣等刺绣方面，实现绣花机与激光器的整合。其结构独特，功能完善，同时绣品新颖、形象、美观、独特，能够满足不同用户对绣品的需求。

9.4.1 激光绣工作原理和框图

激光绣装置图如图 9-44 所示。应用激光切割布料主要是通过对激光能量的控制，实际中也就是控制激光的功率和激光的切割速度。激光的切割速度的控制可以通过软件来实现，激光功率的控制是靠激光机中多加的一部分硬件来实现的。

图 9-44　激光绣装置

激光的控制主要包括通断控制和功率控制，通断是通过一个 TTL 电平来控制激光，功率控制是通过 0~5V 的电压来调节激光功率，在主控设置的激光功率参数，输出一个频率信号，通过频压转换为电压，将其通过电位器调节后送给激光电源，电位器可以将激光功率调小，即通过主控来设置一个基准的激光功率，每个头可以根据其在长时间使用后的衰减程度来单独调节。

9.4.2 激光绣产品特点

9.4.2.1 切割准确，节省时间，精度高

长期以来，商标的切边、刺绣图案的切边以及刺绣图案中的打孔拼花都存在一个对位问题，而通过激光平绣多功能混合机型电控系统，绣后切割精准无误差，无须重复定位，无须边，不错位，高效快速，如图 9-45 所示。

9.4.2.2 绣作方式立体多样，可实现多种功能

绣后切割方式丰富立体多样化，人工无法剪裁的复杂图形可一气呵成轻松完成，主要切割方式为打孔、镂空、切割花边等，同时与金片绣、盘带绣机型组合，可实现多种花样组合，创意新颖，不拘一格。

9.4.2.3 新颖独特的激光喷花功能

激光喷花功能是利用高能量的激光束照射在布料表面，使其表面颜料迅速升华，从而刻出任意所需的文字、图案。其绣品具有精确、清晰、持久、美观等特点。此种功能在

服装领域拥有广阔的市场，比如可以在牛仔布料上通过激光照射使布料的蓝色颜料层升华汽化，露出白色的底色，从而得到层次分明，立体感强烈的绣品图案。此功能还可以应用在皮革等制品上，同样可以得到美轮美奂的绣作效果，如图 9-46 所示。

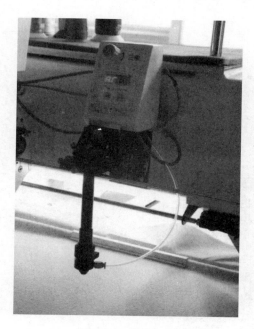

图 9-45 激光切割

图 9-46 激光喷花功能

同时针对激光喷花的花样打板，用户只需要借助特种绣辅助打板软件即可将普通图片转换为机器可以识别的花样格式，简便快捷，花样兼容性高。真正实现刺绣机与激光机的完美结合，这也是普通激光切割机所无法比拟的。

9.4.3 激光绣主要性能参数和操作说明

9.4.3.1 主要性能参数

激光绣的主要参数如表 9-3 所示。

表 9-3 激光绣性能参数

工艺参数	激光平绣多功能混合机
单头激光的切割误差（mm）	≤0.1
激光功率的调节范围（%）	0~100
激光强度调节精度（%）	1
激光聚焦光斑（mm）	≤0.3（和聚焦距离有关）
最大切割速度（m/min）	5.0

9.4.3.2 **系统操作说明**

激光操作头控制本机头激光的状态（每一个激光操作头控制一个激光头），包括两个按键开关、数码管、LED、电位器旋钮和搬把开关。示意图如图9-47所示，详细说明见表9-4。

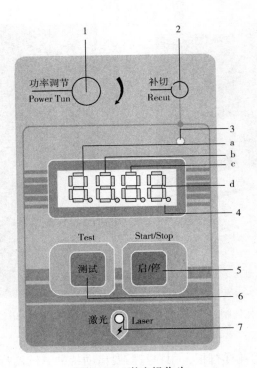

图 9-47 激光操作头

表 9-4 激光操作头说明

序号	名称	描述
1	电位器旋钮	该键用于调节激光功率，箭头所指向方向为调大方向；调节范围为0与设定的最大值之间
2	补切按键	开关向上是补切状态（即补绣状态），同时LED灯（图示3）为红色；中间是正常绣作状态，同时LED灯（图示3）为绿色；向下是关闭状态
3	LED 机器运作状态指示灯	绿色，激光绣机头处于正常绣作状态；红色，激光绣作机头处于补绣状态；不亮，激光绣作机头处于关闭状态
4	数码管显示（按a、b、c、d显示顺序）	显示"AC"表示主板关断激光；显示"OFF"表示操作头关断激光；显示"PXXX"，表示处于测试状态，"XXX"显示当前激光功率；显示"≡XXX"，表示正常切割状态，其中"XXX"显示当前激光功率；显示"Ab"表示当前该激光头处于补切状态，且补绣开关未打开显示"oooo"表示当前水箱无水
5	启/停按键	用于打开/关闭该头激光绣

续表

序号	名称	描述
6	测试按键	强制出光键，按该键可强制激光管出光，激光电源有电压输入时，激光管发光，数码管 a 显示为 "P"；数码管 b、c、d 显示激光功率值，表示的为百分比。按键抬起激光关闭
7	LED 显示灯	LED 蓝色闪烁时表示有激光发出，请注意安全；LED 灯灭表示无激光发出

9.4.4　激光绣控制系统常见故障和解决方法

（1）按测试时不出光，测试键需要先拉杆再停车后，激光电源端口有电压存在时才可以出光。

（2）激光切割时 XY 切割效果不一致，这可能是由于光没有对好造成的，激光此时的光斑为椭圆，需要调整反射镜。

（3）激光管不出光，检查水压检测是否接好。

（4）激光切割时死机，而且以刚开激光时的可能性最大，高压线干扰，需加入屏蔽。

复习思考题

1. 金片绣有三种机型，它们分别是什么？各有什么特点？
2. 金片绣装置一般安装在什么针位置？
3. 参数 "金片刺绣是否自动启动" 是什么作用？
4. 金片漏片如何解决？
5. 简易盘带绣机械方面分为两部分机构，分别是什么？
6. 请简述简易绳绣的工作原理。
7. 参数 "简易盘带绣的左装置" 是什么作用？
8. 如果绳带绣头无动作如何解决？
9. 锁式毛巾绣的机构分为哪几类？分别是什么？区别是什么？
10. 请简述锁式毛巾绣针迹的形成。
11. 激光绣的产品特点是什么？
12. 激光绣的性能参数有哪些？

参考文献

［1］ 孙金阶，秦晓东. 服装机械原理 ［M］. 北京：中国纺织出版社，2018.

［2］ 王文博. 服装机械设备——使用·保全·维修 ［M］. 北京：化学工业出版社，2011.

［3］ 陈鹤鸣. 激光原理及应用 ［M］. 北京：电子工业出版社，2017.

［4］ 陈卫新. 面向中国制造 2025 的智能工厂 ［M］. 北京：中国电力出版社，2017.

［5］ 中华人民共和国国家标准. GB/T 10609 技术制图 ［S］. 北京：中国标准出版社，2008.

［6］ 苏兢. 电脑绣花机控制系统的设计与实现 ［D］. 西安：西北工业大学，2007.

［7］ 高晓娟. 电脑绣花机运动控制研究与应用 ［D］. 南京：南京理工大学，2007.

［8］ 刘合伦. 电脑绣花机控制系统软件的设计与实现 ［D］. 南京：南京理工大学，2007.